微 波 技 术
在光镜和超微结构研究中的应用

Microwave Technology
for Light Microscopy and Ultrastructural Studies

微 波 技 术
在光镜和超微结构研究中的应用

原　　著　Anthony S-Y Leong

主　　译　石雪迎

译者名单　（按姓氏笔画排列）
　　　　　　石雪迎　李　方　陈阿静

北 京 大 学 医 学 出 版 社
Peking University Medical Press

图书在版编目(CIP)数据

微波技术在光镜和超微结构研究中的应用/(澳)梁寿燕(Leong, S.Y.)著；石雪迎主译. —北京：北京大学医学出版社，2008.3

书名原文：Microwave Technology for Light Microscopy and Ultrastructural Studies

ISBN 978-7-81071-638-3

Ⅰ. 微… Ⅱ. ①梁…②石… Ⅲ. ①微波技术—应用—细胞结构—电子显微术 ②微波技术—应用—细胞结构—超微结构 Ⅳ. Q248

中国版本图书馆CIP数据核字(2007)第197290号

北京市版权局著作权合同登记号：图字：01-2007-6118

Microwave Technology for Light Microscopy and Ultrastructural Studies
Anthony S-Y Leong
Copyright © 2005 by Anthony S-Y Leong. All rights reserved.
This translation is published under agreement with the author.
Chinese translation Copyright © 2008 by Peking University Medical Press. All rights reserved.

微波技术在光镜和超微结构研究中的应用

主　　译：石雪迎
出版发行：北京大学医学出版社（电话：010-82802230）
地　　址：(100083) 北京市海淀区学院路38号　北京大学医学部院内
网　　址：http://www.pumpress.com.cn
E-mail：booksale@bjmu.edu.cn
印　　刷：莱芜市圣龙印务有限责任公司
经　　销：新华书店
责任编辑：张凌凌　　责任校对：杜　悦　　责任印制：郭桂兰
开　　本：787mm×1092mm　1/16　印张：8.5　字数：184千字
版　　次：2008年3月第1版　2008年3月第1次印刷
书　　号：ISBN 978-7-81071-638-3
定　　价：68.00元

版权所有，违者必究
(凡属质量问题请与本社发行部联系退换)

作者简介

Anthony S-Y Leong 教授自 1999 年以来，作为诊断病理学家任 Hunter 区病理学的医学主任，并担任澳大利亚纽卡斯尔大学解剖病理学系主任。他曾任阿德莱德大学临床病理教授和阿德莱德医学和兽医科学所外科病理学主任，并在此完成了大部分有关微波技术的研究。曾发表论文 350 篇，其中很多是微波在组织学技术尤其是抗原修复和诊断免疫组织学领域广泛应用的开拓性研究。他还编著了关于恶性淋巴瘤、免疫组织化学和抗体、肝胆管癌、组织技术学、肿瘤的电镜观察和热带病等 17 本论著。Leong 教授是澳大利亚、英国和美国的病理学会会员，中国香港和泰国病理学会的名誉会员，曾经作为高级访问学者访问美国、中国、印度尼西亚、泰国、中国台湾和中国香港等国家或地区。Leong 教授是亚太地区分子免疫组织学会的创建者和国际病理学会澳洲分会的前任主席，北京大学病理学系的客座教授。

Leong 教授对肿瘤病理学和组织技术学保持着浓厚的研究热情，并在亚太地区多次讲学。他还是病理学、肿瘤学和组织技术学等 22 份国际期刊的编委。

译者前言

微波技术在病理学实践中的应用历史并不长，但正是由于微波技术的应用，使得免疫组织化学染色的质量发生了质的飞跃，从而让这场"棕色革命"在近二十年的时间里真正发展为现代病理诊断工作中不可或缺的辅助手段。

然而微波的神奇作用不止于此。Leong教授在这本书总结了自己和同行多年来的实践经验，全面而详细地介绍了微波技术在病理学各个领域中的应用，不仅包括我们熟悉的免疫组化微波抗原修复技术，而且涉及从常规标本固定、组织脱水处理到冰冻切片制备等病理组织学基本技术的各个环节，凸显了微波辅助处理在保证或提高切片质量的前提下，大大节省病理制片时间的优越性，为缩短病理报告周期提供了一个极为可行的技术方案。各章节均附有具体的操作步骤，因而具有很强的实用性。

书中更有专门章节介绍了微波在电镜研究和分子生物学研究中的应用，也为病理科研工作者提供了可借鉴的经验。同时书中用一定篇幅介绍了微波的作用机制，为我们更好地掌握、应用和发展这一技术提供了理论基础。

全面论述微波技术在病理学领域中应用的著作不多，希望本书的出版能为中国病理医师和技术工作者的案头增添一本有实用价值的参考书。

鉴于译者水平有限，译文中错漏谬误在所难免，请各位读者见谅并不吝赐教。

石雪迎

北京大学医学部病理学系　副教授

2007.12.1

中文版序

我很高兴北京大学医学出版社决定出版《微波技术在光镜和超微结构研究中的应用》的中文版。

微波组织学技术已经日臻成熟并广泛应用于诊断组织学和科研工作中。微波技术几乎在光镜和电镜检测标本的组织处理的各个步骤中扮演了重要的角色，涉及组织固定、脱水、常规染色、组织化学以及免疫标记等方方面面，极大地加快了检测速度。此外，微波还能增强对细胞内蛋白的保护，而后者是现代诊断病理学的核心要素。重要的是，商用微波组织处理仪的出现使得在获得标本后数分钟内制备出永久组织切片并完成诊断成为可能。微波推动组织处理技术进入了一个新的时代，并且避免了传统技术对有毒化学试剂如二甲苯、福尔马林及氯仿的依赖，创造了安全的实验室环境。

中国正处于病理诊断和技术的现代化阶段，我相信微波技术将受到中国病理学家的热烈欢迎。目睹了代表中国近两万名病理学家的中国病理医师协会的成立，我深受鼓舞。毫无疑问，中国巨大而迅速的变化必将带来病理学界的进步和改变。我热切希望能够目睹你们国家未来10年的发展，因为她已经在很多领域里成为世界的主角，包括病理学。

我很乐意由曾在我病理中心工作过的石雪迎博士翻译此书，我相信她会出色地完成这一工作。

Anthony S-Y Leong（梁寿燕）教授
2007年8月8日

英文版前言

每当我了解到微波的一项新用途，尤其是涉及医学技术领域时，我都感到非常好奇。正如大多数发明一样，我们无法确切地知道微波的发现时间和发现者。雷达是微波炉的前身，雷达的发明要归功于二战前的英国。然而，微波试验在德国和日本甚至开始得更早。第一个谐振腔磁控管即现代微波炉的前身，在英国温布利研制成功，20世纪40年代后期由一个英国传教士带至美国，从此激发了微波技术的研究热潮，尤其是战争过程中雷达的应用，以及随后家用电器中的微波应用。

1970年的一篇简讯推测了微波用于组织固定的可能性。其后虽然也出现了一些文章，但在大约10年后将微波应用于组织学技术的研究才进入高潮。对这一技术的推动主要来自两个实验室。一个是我们在澳大利亚的实验室，于1983年报道了光镜和电镜标本的微波固定法。随后3年中发表了一系列文章介绍了大标本和冰冻切片的微波固定，以及组织化学和免疫组织化学染色的微波加速法。1985年，另一个致力于微波研究的小组在荷兰Leiden成立，由Mathilde Boon和她丈夫LP Kok领导。该小组推动了欧洲的研究热潮，并于1991年将"微波简讯"栏目引入《欧洲形态学杂志》（European Journal of Morphology）期刊。Boon和Kok 1992年出版了一本名为《显微学家的微波烹饪术》（Microwave Cookbook for Microscopist）的论著，其中广泛介绍了微波应用的方法，尤其详细介绍了应用微波加快常规组织化学染色的步骤。

微波的应用远远超出了厨房范围。在组织技术学中，我们认识到微波的物理性质可作为几乎所有组织学和化学处理过程的加速剂。尤为重要的是，在光镜和电镜的免疫标记中微波的抗原修复作用不可或缺，这一发现被称作是"革命性"的。微波的这一特性已被延伸应用于显示RNA和DNA的原位杂交技术中，此方法不仅可以增强检测信号，而且可以提高敏感性和降低背景染色。最新研制的自动化处理器可以在大大短于常规方法的时间内完成光镜和电镜的组织处理，是对临床标本处理的又一贡献。围绕微波的很多疑团是由于我们无法了解微波对生物组织的作用机制，尤其是在已固定组织和甲醛存在的条件下。虽然很多文献叙述了甲醛对蛋白质的作用，但是对其全部作用机制远未彻底明了。这一缺憾显然使我们无法了解微波在组织技术学各个应用领域中的作用机制。然而，这并不能阻止我们继续研究微波的其他应用价值，并将其进一步发展。虽然微波在组织技术学的某些方面的应用仍然停留在经验阶段，但是并没有影响微波的广泛应用。

在本书中，我将与读者们分享我们实验室20年来发明和使用各种微波技术的经验，并提供我们的技术和操作的细节。希望本书可以给读者提供必要的信息，了解微波技术应用于病理学和组织学领域的诸多益处，并激发起读者应用微波技术的热情。

Anthony S-Y Leong，医学博士
澳大利亚，纽卡斯尔
2004年11月

目　录

第一章　绪　论 ··· 1

第二章　组织固定 ··· 7

第三章　微波加速的脱矿过程 ·· 35

第四章　冰冻切片 ·· 41

第五章　组织化学和免疫组织学染色 ·· 45

第六章　抗原修复 ·· 55

第七章　微波在分子检测中的应用 ·· 79

第八章　快速组织处理 ·· 83

第九章　微波在化学和工业领域的应用 ·· 99

第十章　结　论·· 103

参考文献 ·· 107

第一章

绪 论

低剂量微波及射频辐射对哺乳动物组织的影响 ……………………… 2

微波的物理性质 …………………………………………………… 3

微波的组织病理学应用背景 ………………………………………… 4

低剂量微波及射频辐射对哺乳动物组织的影响

19世纪70年代中的冷战高潮期，世界各地的美国大使馆的工作人员们总是抱怨头痛和身体不适。关于这些疾病的原因，有人推测是因为这些工作人员受到了低剂量微波（以下简称微波）及射频辐射的影响。那一时期的报道同时也激起了科学界的兴趣。无论是体内还是体外的生物系统暴露在辐射场下均能受到影响，尽管以往认为这种辐射强度不会引起明显可察觉的改变。目前越来越多的证据不仅表明存在特定的生物终端变化，而且提示这种终端变化谱的范围很广，从轻微的行为改变到造血系统的变化。由于家用微波炉的普及，高楼大厦和郊区住宅中高压电缆及电缆塔的发展，公众比以往更加担忧在这种电磁辐射环境中暴露所产生的潜在损害。尽管缺乏有力的科学数据支持，公众对此的忧虑并没有因时间的推移而减少，尤其是随着微波操作设备呈指数扩增的生产及使用，例如电信系统、监视和导航系统、加热装置如微波透热电疗机、商务和家用烹饪微波炉、用于工业及商品生产的微波干燥技术，以及更为重要的手机的使用。

1977年美国食品药品监督管理局在华盛顿组织了大批微波领域的顶尖专家对微波和射频辐射的生物效应和作用机制展开了讨论。

虽然认识到暴露于高强度的微波可能会诱导生物组织产生热现象并可能导致死亡，但是微波诱导的热死亡的生物物理分子相互作用及其机制并不完全清楚。现存资料显示，无论病因如何，致死的原因可能为高热引起的生物大分子（主要是蛋白质）的不可逆性变性，但尚不清楚哪种大分子对高强度微波诱导的变性效应的敏感性最高。根据可检出的微波致组织升温能力，以及测定特定组织包括皮肤、睾丸和眼晶状体对热损伤的敏感度，美国和其他欧洲国家制定了保护指南和安全标准，他们推荐职业暴露的最大可允许功率密度约为$10mW/cm^2$。与高强度微波辐射的确定效应相比，低强度微波的生物学效应尚未完全明确。哺乳动物的中枢神经系统对于高强度的微波辐射最敏感，许多研究亦指出$10mW/cm^2$的低强度甚至更低水平的微波辐射也可引起该系统的显著改变。已知的高强度微波辐射引起中枢神经系统的蛋白质变性，从而触发热死亡的级联事件，但低强度微波辐射的作用机制可能完全不同。哺乳动物中枢神经系统生物电活动的变化、人和实验动物条件及非条件反射的改变，以及可兴奋细胞系统的功能改变在相关的文献中均有报道。低强度微波暴露可以使哺乳动物的大脑产生共振现象。这一效应表现为能量吸收的不均一分布，例如最大吸收部位可能为下丘脑前部即大脑的体温调节中枢。温度每升高$0.01℃$，下丘脑视前核的温度敏感性神经元的代谢率将改变3%。因此，试验对象的生理状态改变就可以解释为微波诱导的这些神经元升温所致的热代偿反应。在低剂量微波下暴露30分钟或者更长时间，就足以引起地鼠的下丘脑和丘脑下核团出现组织学改变，但神经胶质细胞却不受影响。

低剂量微波的神经学效应被归结为与神经元细胞膜结合的钙的改变。除了这些神经学效应，低场强微波还可以作用于神经内分泌系统。微波对下丘脑的影响可能引起体温调节的变化以及内分泌的改变，包括影响卵泡刺激素和黄体生成素的分泌水平。关于暴露于微波对实验动物甲状腺功能的影响的相关报道存在分歧，有些报道甲状腺功能减低，有些则报道功能亢进。组织学和电子显微镜研究显示甲状腺功能亢进。有关微波对哺乳动物造血系统影响的报道则显示了观测结果从量到质的一致性。微波暴露可导致短暂淋巴细胞和白细胞增多，红细胞对暴露的敏感性较低，即便有也反映为红细胞生成减少。有文献报道，随着低强度微波暴露时间的延长，几内亚猪和小鼠的有核红细胞、骨髓细胞以及淋巴结和脾脏的淋巴细胞的有丝分离活性和核结构均会发生改变。

越来越多的证据支持低强度微波和射频场可以引起哺乳动物生理及心理变化的观点；然而，关于这些改变的物理机制仍然存在争议。因此，讨论会的结束语宣称"我们现有的知识尚有巨大空白，以至于我们甚至无法明确与微波相互作用的主要位点"（Cleary，1978）。

仍然有人推测在战争中微波使用的可能性。微波对生物组织尤其是中枢神经系统的作用，可用于开发所谓"秘密武器"。科幻小说作家们想象可以利用能量波或脉冲的武器在没有必要击毙敌人时用来击倒、击昏或者致残敌人。有人断言美国军队在长达40年的时间里为达到这种目标而进行秘密研究，美国空军在偏远地区研制用于损伤中枢神经系统的微波武器，其中有些武器不仅可以致残甚至可以致死。无线电波武器也可引起听觉系统疼痛，以及电磁热力可以用于诱导癫痫发作或者激发外周神经系统休克，产生所谓的"晕厥效果"。

微波的物理性质

微波是一类电磁波。已知的电磁波谱的频率范围很广，例如包括无线电波、电视信号波、雷达波、红外光波、可视光波和紫外光波、X射线，以及γ射线。虽然有些作者将微波波谱频率的范围限定为 1～100GHz，但一般将微波波谱频率的范围定为300MHz～300GHz。工业、科学和医药技术所应用的微波频率范围为 45～91.5GHz，所有的家用微波炉都是 2.45GHz。

微波是一种非电离辐射波，其典型的标准频率为2.45GHz，波长为12.2cm，光子能量为10^{-5}电子伏特。因为微波脉冲波长非常短，所以可以用于距离和时间的测量。微波可以穿透云雾，呈直线传播，并产生清晰的阴影及反射，所有的这些特性均可应用于雷达（无线电定位）。雷达是微波炉的前身，据说靠近雷达天线放置的巧克力块会发生融化。

在迅速变化的电磁场中，偶极分子如水分子或蛋白质的极性侧链以2.45GHz的频率在180°的范围内振动（图1.1）。由于大多数生物分子呈非对称性并有非对称性的电荷分布，在变化的电磁场中它们会发生移动。有意思的是，近来人们发现非对称性的极性无机分子同样可以产生这种现象，利用这一原理可加热金属氧化物，例如铜氧化物、铅氧化物、铁氧化物，从而生成混合金属氧化物。分子运动或动力学诱导产生的瞬时热量与能量通量成正比，并持续产生直至辐射停止。尽管我们对能量转移的许多方面尚未完全弄清楚，但这恐怕是理解在迅速变化的电场中能量和热量如何产生的最简便的方式。微波辐射可能有许多其他的物理机制参与。场诱导的大分子氢键和质子通道的改变以及结合水的崩解,可能引起生物系统的改变。虽然微波产生的质子能量很低而不能破坏共价键,但是低强度的微波场却很容易影响非共价次级键的稳定性,包括疏水性相互作用、氢键和范德华力,这些化学键组成精确的空间相互作用,对于生物功能和大分子锚定于细胞膜有着极其重要的作用（Cleary,1978）。这些关于微波作用的更有争议的方面不在本书讨论的范围内。

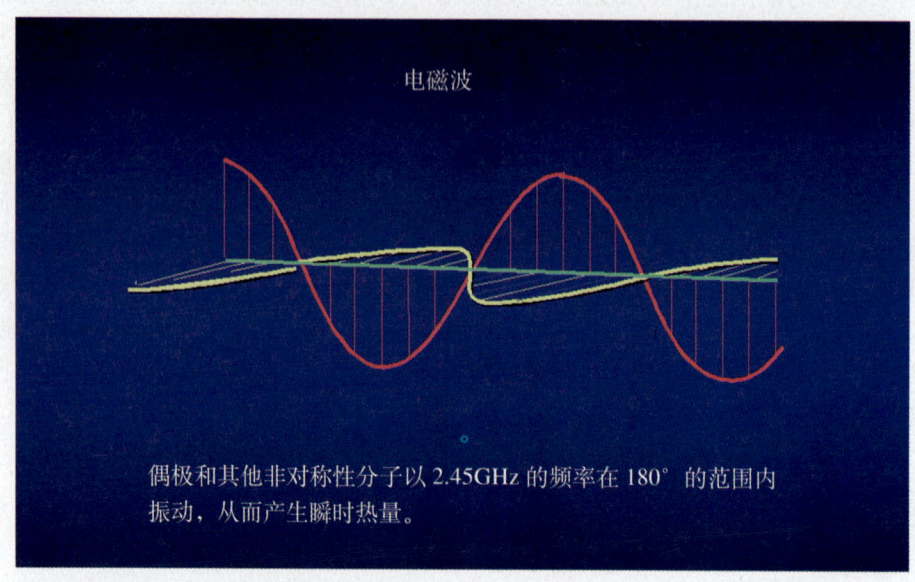

图1.1　在微波产生的迅速振动的电磁场中,偶极和其他非对称性分子以2.45GHz的频率在180°的范围内振动。

微波的组织病理学应用背景

几个世纪以来,我们就认识到可以利用加热来加快化学反应的速率。早在1898年就有文献记载了利用外部加热法来加快福尔马林固定的速度（Ehrlich and Lazarus,1898）。加热首先用于固定血涂片（Baker,1963）和小块组织,在等渗盐溶液中煮沸2～3min即可固定5～10mm的组织块（Lillie and Fullmer,1978）。使用火焰、蒸汽或者水浴等常规方法加热的缺点是耗时、难以准确控制时间,并且通常受热不均。使用微波加热法可以克服由于生物组织导热性差所致的上述缺点。Meyers（1970）首次提出微波能量对于组织处理的潜在应用价值。他使用一个650W的用于肌肉和软组织热疗的微波发生器（电子加速器200）来固定人体和小鼠的组织。$1cm^3$的组织照射90s即可得到令人满意的固定效果,在光镜下观察可见固定均一,皱缩极微小。他观察到微波辐射可以使红细胞破裂。几乎同时,Stavinoha等（1970）利用微波阻止啮齿动物脑组织中乙酰胆碱酯酶所致的酶降解,从而可以更准确地分析乙酰胆碱的水平。

Bernard（1974）所发表的论文是最为详尽的早期研究之一，他曾将微波辐射成功地应用于多种组织的固定。他对尚未固定的麻醉裸鼠进行照射后观察，得出的结论是受辐射组织的外观取决于温度的改变，不同组织的适宜温度不同，甚至某种程度上，组织中的不同成分各有其适宜温度。不同组织的适宜固定温度为：肝70℃，肾77℃，肺77℃，睾丸85℃。他还认为这种技术对于电子显微镜同样具有潜在应用价值，但是在他的实验中，采用Karnovsky固定液后未能取得良好的细胞器保存效果。Login（1978）发现所有类型的人体组织经60℃的辐射均能得到较好的固定效果，放置于生理盐水中的1cm^{3}组织块经辐射后呈现的形态学效果优于置于缓冲福尔马林固定液或蒸馏水中进行辐射者。在Zenker溶液中辐射所得到的效果至少与传统方法固定2小时的效果相当。无论采用何种固定液，微波固定的组织嗜酸性增强，但可以通过改变伊红染色时间来修正。

　　我们的微波试验证实了这种快速固定法在组织诊断中的发展潜力（Daymon and Leong，1984；Leong et al.，1985）。使用这种操作频率为2.45GHz、600W的家用微波炉，其内部的转盘使组织在电磁波中的暴露更均匀。我们发现在生理盐水中辐射至58℃通常可以固定大多数类型的组织，而操作时间仅需120s。因为温度的升高与电磁通量的持续时间成正比，所以很方便对微波炉进行校准。微波固定对特殊染色无不良影响，免疫组织化学染色标记的许多组织抗原均能得到良好的保存。我们还发现微波辐射至50℃时可大大加快肾组织和肝组织在2.5%戊二醛中的固定速度，且超微结构保存完好。

　　应当指出的是在大多数的早期报道中，微波被当作一种初级固定方法，受辐射的组织仅置于生理盐水中而并未使用任何化学固定剂。在同一时期，有些文献也描述了联合使用微波和常规固定剂例如福尔马林和Zenker溶液，微波可以起到加快化学固定的作用。除了Login（1978）运用微波加快福尔马林和Zenker溶液的固定速度外，Petrere和Schardein（1977）使用10%缓冲福尔马林固定液作为辐射固定液固定整个胎鼠和胎兔。随后，作为一种组织技术学的重要工具，人们对微波的兴趣日益增加，越来越多的刊物报道了微波应用于组织固定、组织化学和免疫组织化学染色等过程，以及光镜和超微结构研究中的组织处理过程。在随后的章节中将详细介绍这些内容。

　　近来，我们才认识到除了水分子和蛋白质的极性侧链外，其他分子也可在微波产生的电磁场中发生振动。电荷分布不均一的分子例如无机金属和铜氧化物可能也发生振动。因此，微波被应用于各种用途的无机金属的熔化，例如生产用于制造半导体的混合铜氧化物以及为安全处理放射性废弃物而将其与玻璃熔合。对于生物组织，微波的局限性在于其穿透力有限以及生物组织的热传导性能通常比较低。2.45GHz的微波在生物组织中仅能穿透几厘米，组织中热量产生并不均匀。然而，在某种程度上可以通过调节能量水平和暴露于非离子型射线中的时间来控制加热，但是微波炉炉腔内热量的不均一分布以及生物组织内射线的不规则穿透仍是微波精确应用的主要限制。考虑到安全性和精确性，从大多数发表的结果和微波处理过程以及家用微波炉目前的使用来看，情况并不令人满意。目前几乎没有商业单位可以对这些参数进行精确控制，并满足试验仪器的安全要求。在本书中我们将与读者分享我们使用意大利Milestone，s.r.l.公司生产的微波仪器的经验。

要点

- 微波可损伤哺乳动物组织。
- 微波炉操作功率为 2.45GHz。
- 大多数生物分子在微波诱导变化的电磁场中以 2.45GHz 的频率在 180°的范围内振动。
- 20 世纪 70 年代,微波开始应用于组织技术学。

(石雪迎　李方　译)

第二章

组织固定

大标本的微波固定	8
组织块的微波固定	13
微波固定切片与福尔马林固定切片的不同特性	15
微波固定和常规组织处理的联合应用	17
甲醛的毒性	19
组织固定的原则	21
微波固定的分类	22
微波加速甲醛水溶液固定法	22
整体器官的微波固定和微波加速固定	24
微波固定在神经化学分析中的应用	25
微波固定与微波加速固定的最适温度	25
光镜标本的微波固定程序	25
微波固定能否破坏微生物	26
电镜标本的微波固定法	26
微波固定组织中酶和抗原超微结构的保存	28
电镜标本的微波加速固定程序	29
微波加速固定法用于细针穿刺活检标本的超微结构诊断	31
细针穿刺活检标本的快速微波加速固定和处理程序	32
细胞学标本的微波固定	33

微波技术在光镜和超微结构研究中的应用

微波技术在光镜中应用的快速发展，同时伴随并促进着微波在超微结构研究中应用的发展。本章节涵盖了这两个领域中微波的应用。

大标本的微波固定

20世纪70年代初就有刊物报道微波在组织固定中的应用，沉寂了近10年后，我们及其他试验室的一系列研究又再次激发了对微波研究的兴趣（Daymon and Leong，1984；Hopwood et al.，1984；Leong et al.，1985，1986a，1986b；Login and Dvorak，1985；Login et al.，1986）。微波被成功应用于通常尺寸的组织块的固定（Daymon and Leong，1984；Leong et al.，1985），以及改良后用于大标本、实体器官和空腔脏器的固定（Leong，1991），进一步提高了它在常规诊断实验室中的应用价值。微波在组织中的穿透深度有限。数据显示，大的实体器官例如脾、肾、乳腺和肝叶，从表面到中心的温差可高达15℃，因此这种标本的微波固定应当分两步进行（Leong and Duncis，1986）。除了实体器官表面与中心温度的显著差异之外，放置在转盘的不同部位同时受辐射的标本，温度也存在显著差异，说明家用微波炉腔内加热并不均匀（图2.1）。

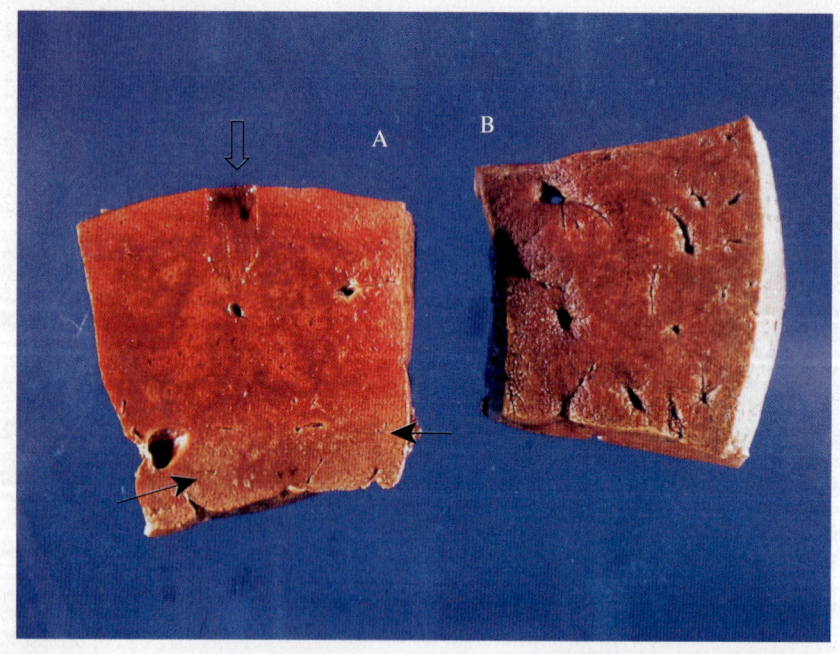

图2.1 放置在转盘不同部位同时受辐射的两块肝组织。A放置在转盘的周边，B放置在转盘的中央。两者外观明显不同，说明两部位辐射强度不等。A出现了明显的分界（黑色箭头），说明即使是同一块组织受热也不均匀（白色箭头处为最外侧边缘）。

第一步对大标本进行辐射处理，例如包括胃或大肠在内的新鲜的空腔脏器以及实体器官的辐射处理，旨在使这些组织获得足够的硬度以便于取材（图2.2和2.3）。第二步再将包埋盒中的组织块放置在生理盐水或10%缓冲福尔马林固定液中，微波辐射至 70℃～72℃，即完成了组织脱水前的固定过程。

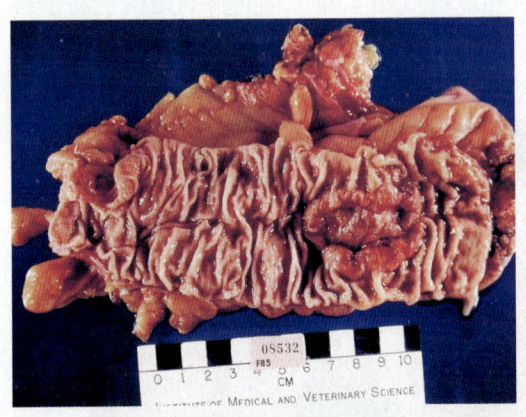
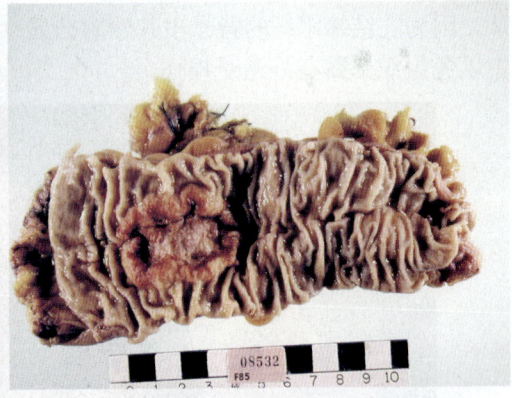

图 2.2 发生溃疡型肿瘤的一段大肠组织，左为新鲜组织，右为经微波辐射后的组织。经辐射后的组织较硬实且易于控制和切割，并基本保留了原有色彩。

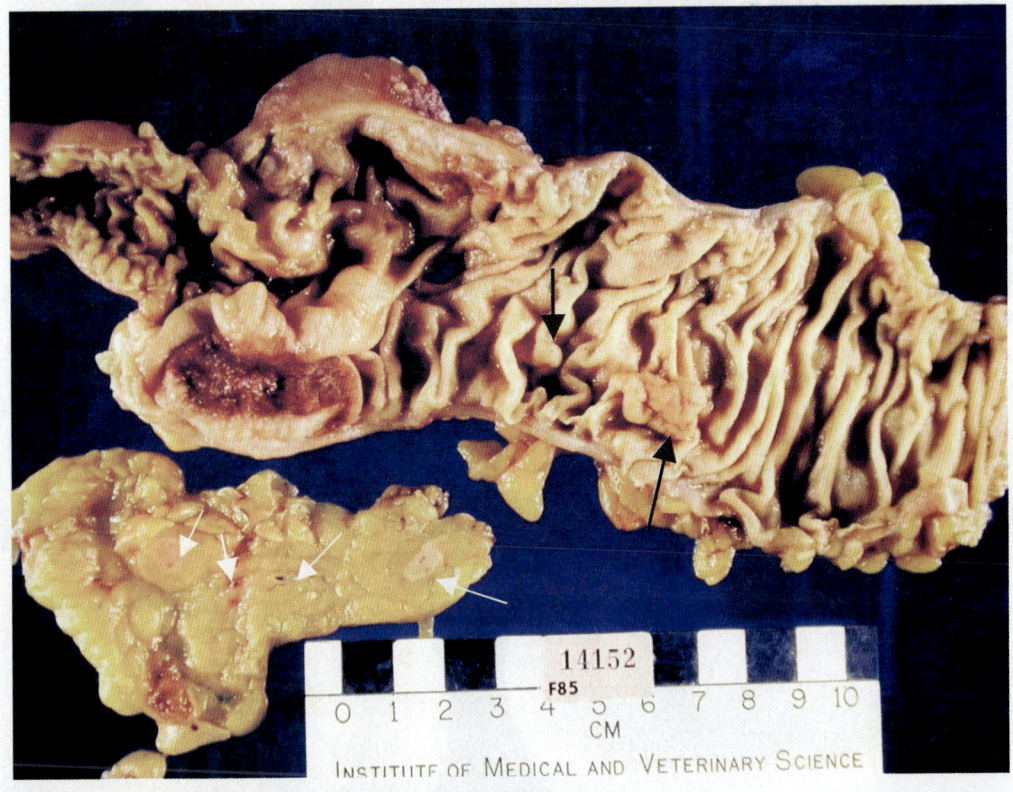

图 2.3 经微波辐射后的一段盲肠癌切除标本。除溃疡型癌之外，还清晰可见两枚息肉（黑色箭头）以及黄色脂肪组织映衬下的淡粉色的大小各异的肠系膜淋巴结（白色箭头）。

将标本完全浸泡在盛有生理盐水的塑料桶或玻璃烧杯中，经辐射至 67℃～72℃ 即可使新鲜组织获得适当的硬度。这样就无需按常规方法那样将空腔脏器剖展开钉于衬板上或将实体器官多剖面平行切开后福尔马林固定14小时。此外，应用微波硬化标本的另一优点是组织可以保持其固有的颜色和柔韧性,并且避免了接触福尔马林有毒气体。黄色脂肪组织背景下的淡粉色淋巴结易于辨认和取材(图 2.4)。不同解剖结构也易于辨认,因为在结缔组织的背景中其轮廓凸显(图2.5)。切记要将标本完全浸泡在生理盐水中以免组织暴露在外遭受损伤。

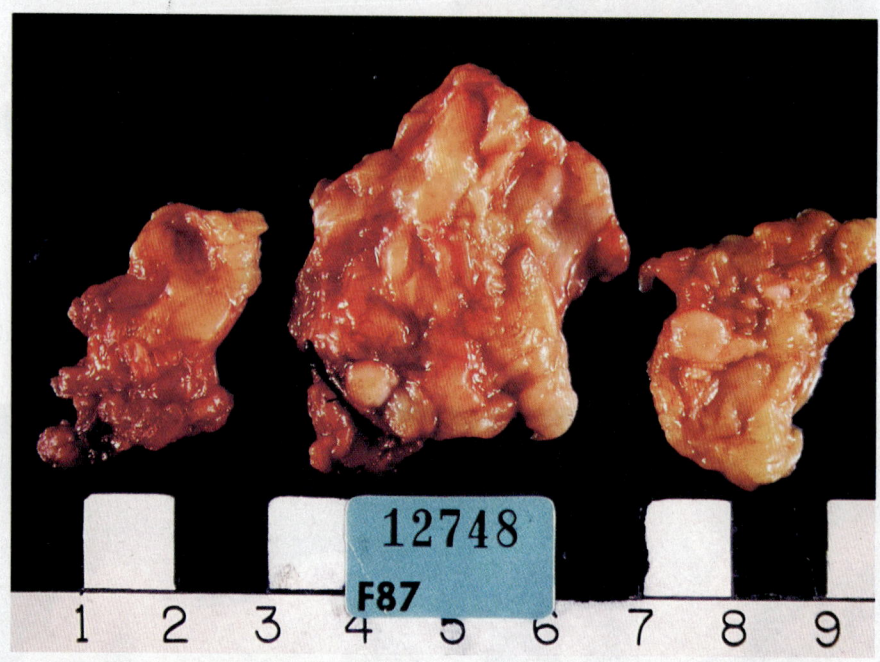

图2.4 乳腺癌腋窝淋巴结清扫。经辐射后的淋巴结与腋窝脂肪组织形成鲜明对比,可即刻取材而无需福尔马林固定或 Carnoy 溶液清除脂肪。

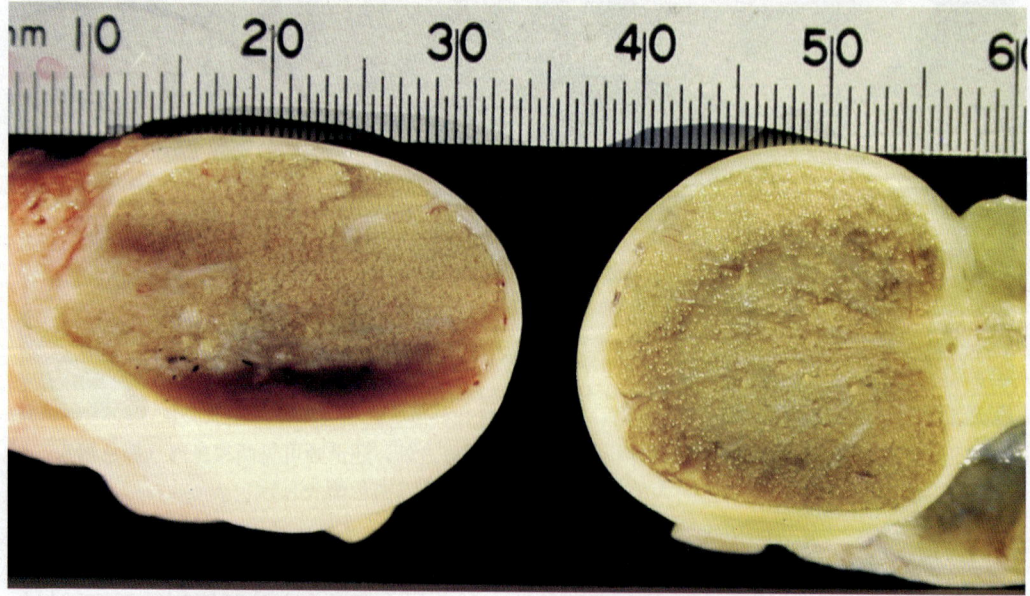

图2.5 一分为二的新鲜睾丸组织,右为经微波辐射处理的一半,睾丸组织较硬且睾丸网清晰可见,与左侧塌陷的新鲜组织形成对比。

在对其他标本进行肉眼检查或核对时，可将包埋盒中的组织块放置在10%缓冲福尔马林中保存。其实辐射处理的组织块可以保存在生理盐水中，福尔马林只是为满足常规标本的保存需要。当组织块积累到一定数量时，将它们10个一组放置在盛有200ml 10%缓冲福尔马林的烧杯中，经辐射处理达72℃。如图2.6所示，将三个容器放置在转盘的周边可以同时接受辐射。

图2.6　组织包埋盒浸没在10%缓冲福尔马林中，置于家用微波炉中。每个烧杯中有10～12个包埋盒，经辐射至72℃。浸没在其中一个烧杯中的温度探针可更准确地测量温度，但是这种探针很难搞到。另外，目前的家用微波炉虽列有各种食品和肉类的烹调温度选项，但并不能精确显示整个炉腔内的温度。

微波硬化大标本如乳腺切除术标本非常实用，使我们可以对这种标本立即进行检查、切开和取材。尤其对乳腺癌来说，微波技术提供了可以代替福尔马林固定过夜的重要选择。有证据表明福尔马林长时间固定不利于精确评估多种免疫组织化学参数，例如雌激素和孕激素受体，以及HER2/neu蛋白表达水平，而这些参数对评估预后和治疗都必不可少。

有些尸检病例的脑组织需要立即进行检查，以往采用的缓冲福尔马林加热法容易产生瑞士奶酪样的微囊变人工假象，从而严重破坏了脑组织的正常解剖结构反而不利于检查。当长时间在福尔马林溶液中加热时，细菌所产生的气体可导致组织产生较大间隙，而在生理盐水中相对短时间地加热至70℃则可避免发生这种情况（图2.7）。Boon等介绍了用新鲜脑组织制作显微切片的微波三步法（Boon et al., 1988）。首先，对喷洒生理盐水的整个脑组织进行30分钟微波辐射，然后对切成薄片的脑组织辐射15分钟，再将其放置在10%福尔马林溶液中固定3.5小时，最后在福尔马林溶液中进一步辐射6分钟。用该法制作的脑组织切片效果极佳，可与福尔马林常规固定14天所制作的切片媲美。

如果使用家用微波炉硬化大标本或者整体器官，温度务必不要超过72℃以免蒸煮标本。有些器官如整个新鲜脑组织的硬化需30分钟,因此要不停地搅拌生理盐水并在温度超过72℃之前更换生理盐水。为方便起见,我们应当使用可以精确控制温度和时间的微波炉,例如意大利 Milestone, s.r.l, Sorisole 公司生产的微波炉(图2.8)。

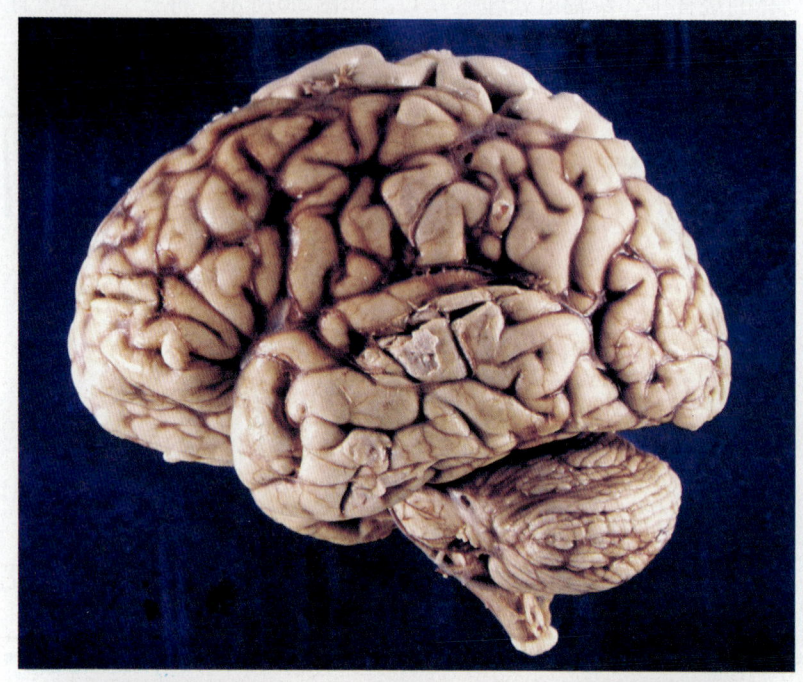

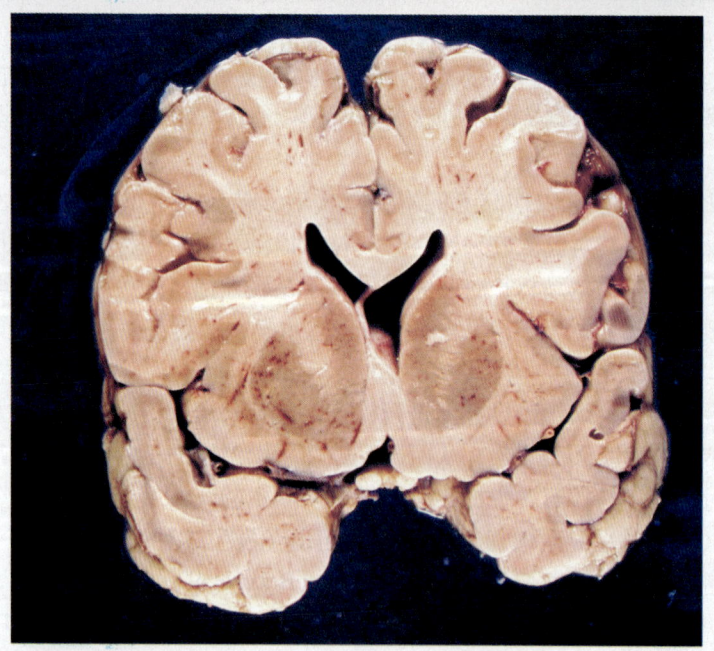

图2.7 将整个新鲜脑组织放置在生理盐水中,经辐射至70℃并持续30分钟。这样可使脑组织达到可切割的硬度,而无需按照常规操作将其在福尔马林溶液中固定10天。处理后的脑组织仍保持正常颜色,与未固定的脑组织不同,白质与灰质相比并未被压缩(下图为切面)。

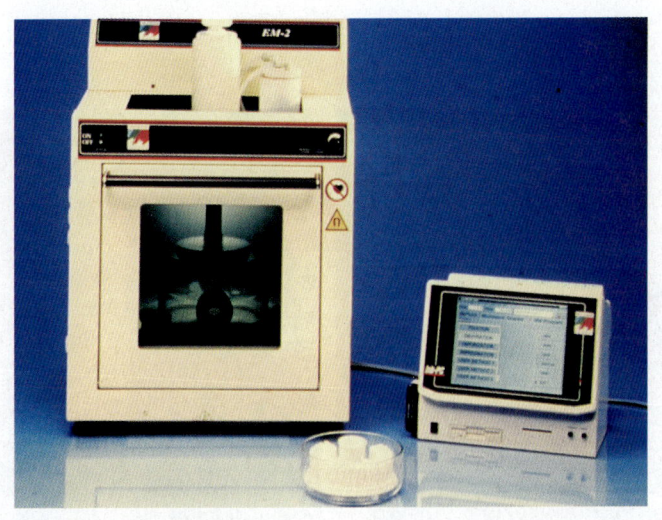

图2.8　Milestone 公司的组织处理器样机，左侧为微波炉，右侧为触摸屏操作电脑。该仪器符合实验室安全性需求，其铰链门可承受 90kg 的压力。

组织块的微波固定

　　微波辐射浸泡于生理盐水中的组织可作为一种基础固定方法。同样，它还可以加速各种常规交联固定剂，如甲醛和戊二醛的固定速度（Leong and Leong，1997）。在形态学的保存方面，微波处理组织切片与常规缓冲福尔马林固定组织切片并无区别（图 2.9a，2.9b，2.9c，2.9d，2.9e，2.9f）。

　　微波辐射对组织化学染色，包括多种酶和脂质的显示并无不利影响（Leong et al.，1985；Hopwood et al.，1984）（图 2.10a，2.10b，2.10c，2.10d）。

　　微波辐射固定神经组织用于神经化学分析的方法已很成熟（Stavinoha et al.，1970, 1977；Maruyama，1981；Schneider et al.，1986），该方法同样也可以用于形态学研究。用生理盐水或甲醛灌注的脑组织，经辐射后可制作良好的组织切片，而没有自溶改变以及常规石蜡处理过程中脱水和浸蜡所产生的人工假象（Marani et al.，1987）。与未经处理的脑组织冰冻切片相比，微波辐射切片显示冰晶假象更少，并可制作优良的光镜切片。用生理盐水灌注辐射后所得切片效果优于用甲醛灌注者。此外，生理盐水灌注、微波辐射的组织，在 Bodian 染色和免疫组织化学染色时可更为精细地显示轴突结构中的神经微丝（Marani et al.，1987）。

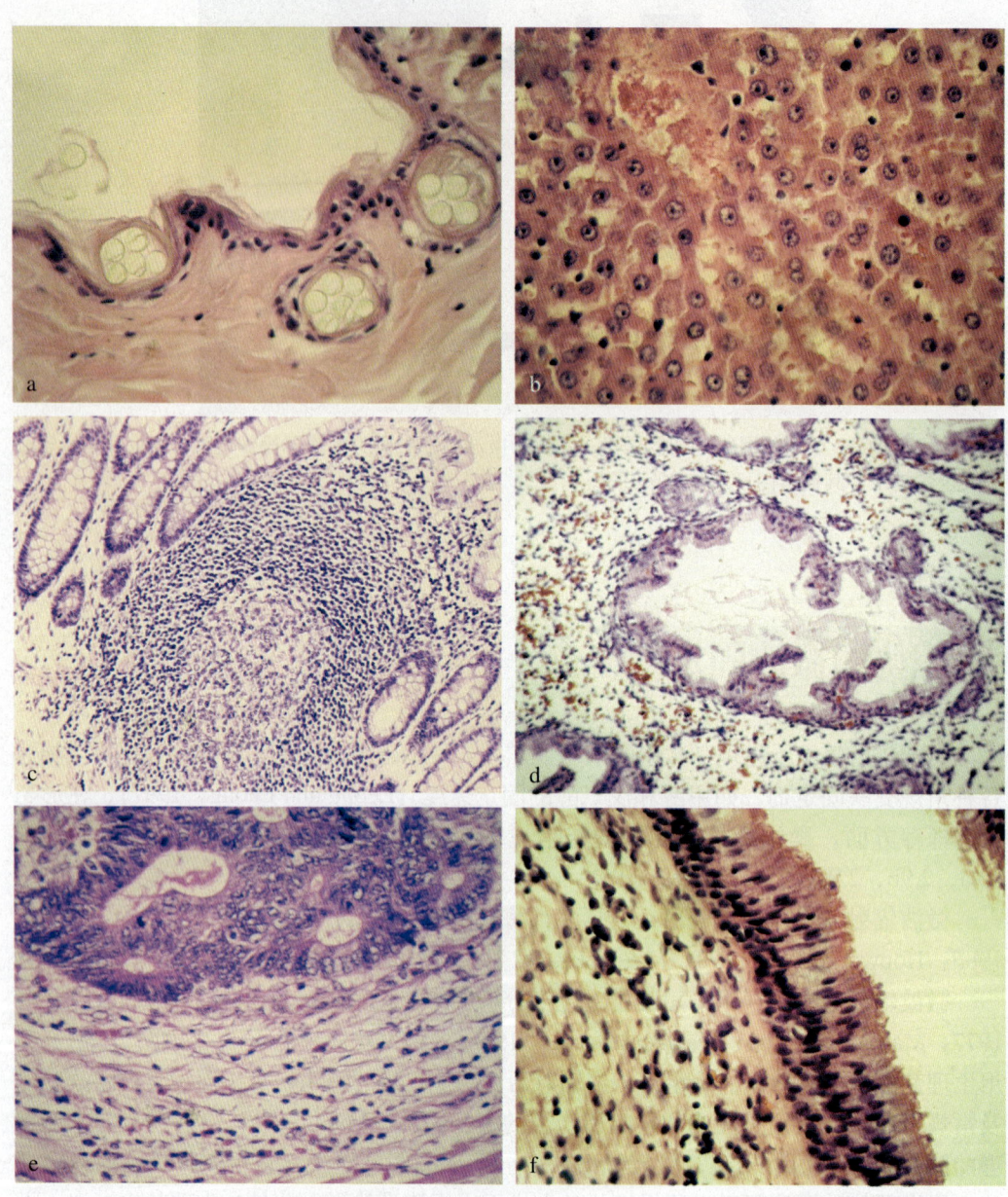

图2.9 生理盐水中的组织块经微波辐射至70℃后进行常规处理。(a) 小鼠的皮肤，(b) 小鼠的肝脏，(c) 人结肠活检组织，(d) 人子宫内膜刮宫组织，(e) 人结肠癌组织和 (f) 人支气管活检组织。这些微波辐射固定组织的形态学保存与缓冲福尔马林常规固定12小时者无差别。

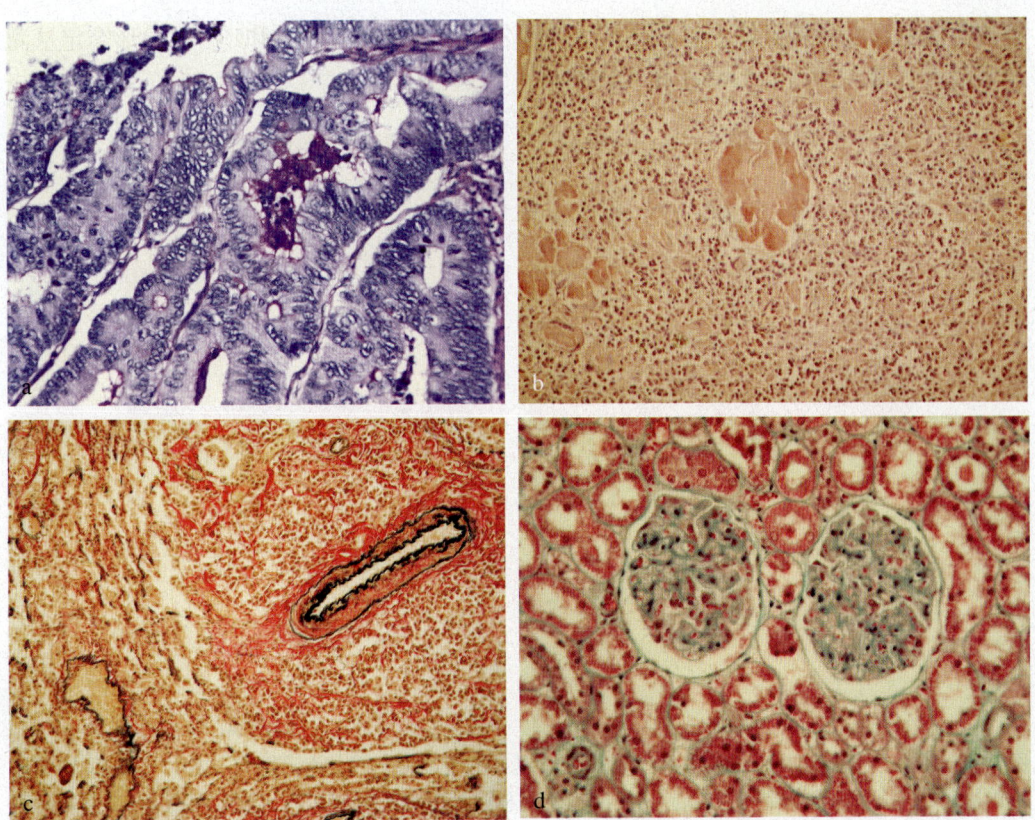

图2.10 微波固定的组织。(a) 结肠癌，PAS染色，(b) 脾淀粉样变，刚果红染色，(c) 肺，Van Geison 染色，(d) 肾，Masson 三色染色。

微波固定切片与福尔马林固定切片的不同特性

微波固定的切片和常规福尔马林固定的切片有一些明显的不同之处。正如前面所提到的，微波固定切片的着色性更强。与福尔马林固定的切片相比，通常胞浆嗜酸性更强，但是这种染色差异通过调整染色方法很容易得到校正（图2.11）。此外，微波辐射固定的组织可见红细胞溶解现象。如果组织曾短时间暴露于福尔马林溶液，如在转送到实验室的途中或者在微波辐射后短时间固定5分钟，则不会发生这种溶解现象。组织在脱水处理前短时间暴露于福尔马林溶液能避免红细胞溶解，看来这一现象的产生是由于用福尔马林能保护组织免受组织处理过程中所用的某些化学物质的损伤。

如图2.11所示，微波固定的切片很少发生皱缩。一项宫颈活检组织的形态定量研究证实了这一点（表2.1）（Boon et al., 1986）。另一项微波加速固定法比较缓冲福尔马林溶液（0.5%，1%，7%）、丙酮（10%）、甲醇（50%，80%，100%）、戊二醛（2.5%）与 Tris 缓冲液、0.1mol/L NaCl 和蒸馏水（均经辐射达65℃持续2×3分钟），发现 Tris 缓冲液组细胞形态保持最好，其次是低浓度福尔马林溶液组（0.5%和1%），但形态定量测定则没有显著差异（Kayser et al.，1988）。

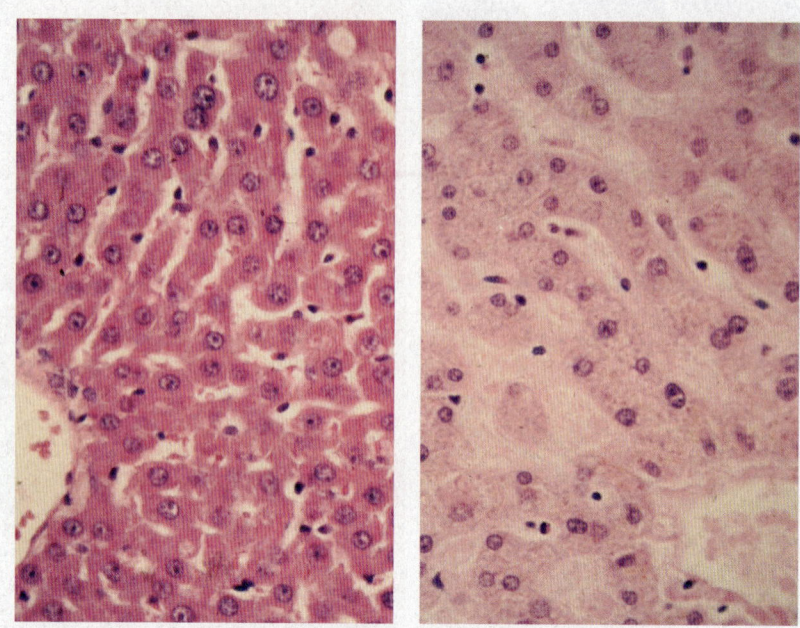

图2.11 小鼠肝组织切片，微波固定（左）；常规10%缓冲福尔马林溶液固定（右）。微波固定的切片可见着色明显增强。微波固定以前在缓冲福尔马林溶液中浸泡5分钟使红细胞得以保存。两切片其他组织处理过程相同。

表2.1 微波固定与10%缓冲福尔马林溶液固定的宫颈活检组织切片核大小比较（Boon et al.，1984）

细胞类型（标本检查）	微波固定	福尔马林固定
基底旁细胞核（$n=14$）	75 ± 15	54 ± 15
组织细胞核（$n=8$）	93 ± 30	81 ± 33
间质细胞核（$n=7$）	69 ± 12	63 ± 21
宫颈内柱状细胞核（$n=8$）	60 ± 12	60 ± 9

注：原著即没有标注表中数值的单位

据报道，与福尔马林或其他固定剂气道灌注固定相比，充气后辐射固定的鼠肺最为接近生理状态。且微波固定并没有固定液冲洗所致的细胞移位、细胞破裂和与后续处理相关的渗出等缺点（图2.12）。所以，微波固定法是一种评估炎细胞浸润如实验性肺炎的重要方法（Turner et al.，1990）。

应当注意的是，与甲醛固定相比，微波固定的切片对蛋白水解消化以及加热例如热诱导抗原修复过程的承受力较弱。因此对于微波固定的组织，需要对这些处理过程进行适当调整。

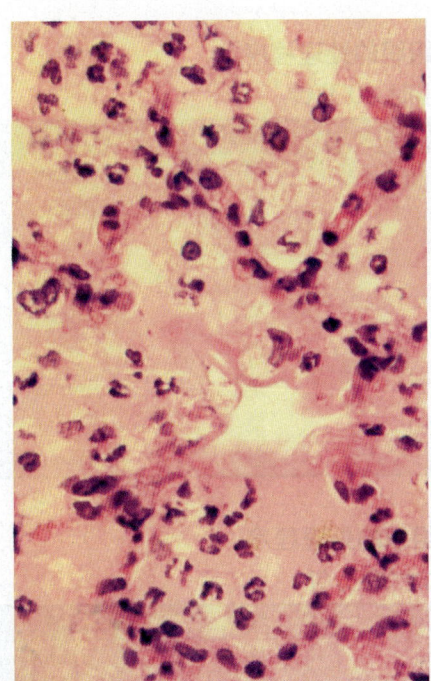 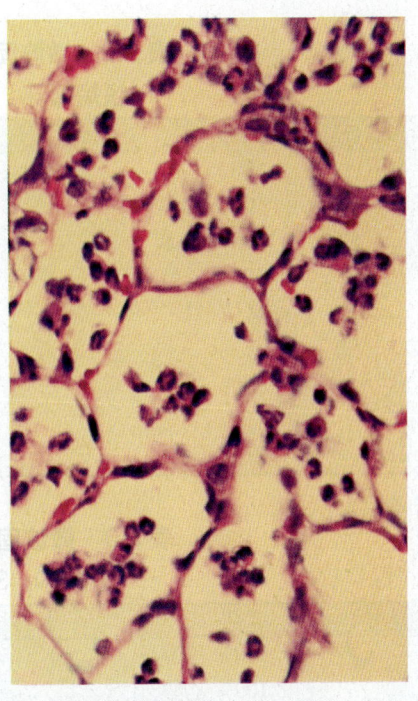

图2.12 由灌注二氧化硅所致的小鼠实验性肺炎。左图为在磷酸盐缓冲溶液（300ml PBS，60℃，4min）中微波辐射固定的切片，右图为缓冲福尔马林灌注固定。左图可见炎性细胞均匀分布于肺泡渗出液中，然而右图中，这些细胞被冲洗而集聚成团，肺泡渗出液消失，还可见肺泡细胞和间隔的破坏。（本图由美国宾夕法尼亚州 Smith kline 和 French 实验室的 E B Wheeldon 博士友情提供）

微波固定和常规组织处理的联合应用

　　诊断外科病理学中，无论是由于管理原因还是出于对医院床位使用率和成本控制的考虑，报告周转速度都非常重要。这也是为患者及其亲人的健康和心理因素着想。应用微波来完成整个器官和大标本的硬化过程以便于取材，而无需隔夜固定，可将报告时间至少缩短24小时。此外，数分钟的微波固定组织块处理则进一步缩短了周转时间。微波固定组织块或微波辅助10%缓冲福尔马林和其他固定剂快速固定组织块可以节省后续的在真空自动化组织处理器中的固定步骤。组织可以直接进入无水乙醇、氯仿（甲苯替代物）和石蜡循环，而无需在组织处理器中进行甲醛和梯度乙醇逐步脱水处理。有100分钟和210分钟两种循环程序，前者可应用于内镜和细针穿刺活检小块组织，而后者可应用于几乎所有类型组织块（表2.2、2.3）。为方便起见，尤其是在周末，还可以使用11.5小时和16.5小时的隔夜循环程序，包括无水乙醇、氯仿、石蜡这些额外步骤以增加循环时间（表2.4、2.5）（Leong，1994；Leong and Leong，1997）。

表 2.2　微波固定组织的处理程序
超短循环：1 小时 40 分钟

步骤	试剂	温度（℃）	真空	浸泡时间
1	100% 乙醇	45	是	5min
2	100% 乙醇	45	是	5min
3	100% 乙醇	45	是	5min
4	100% 乙醇	45	是	10min
5	氯仿	45	否	10min
6	—	—	否	—
7	氯仿	45	是	10min
8	石蜡	62	是	10min
9	石蜡	62	是	10min

表 2.3　微波固定组织的处理程序
短循环：3 小时 30 分钟

步骤	试剂	温度（℃）	真空	浸泡时间
1	100% 乙醇	45	是	20min
2	100% 乙醇	45	是	10min
3	100% 乙醇	45	是	10min
4	100% 乙醇	45	是	15min
5	100% 乙醇	45	是	20min
6	氯仿	45	否	20min
7	氯仿	45	否	10min
8	氯仿	45	否	20min
9	石蜡	63	是	30min
10	石蜡	63	是	20min

表 2.4　微波固定组织的处理程序
隔夜循环：11 小时 30 分钟

步骤	试剂	温度（℃）	真空	浸泡时间
1	70% 乙醇	45	是	30min
2	100% 乙醇	37	是	1h
3	100% 乙醇	37	是	20min
4	100% 乙醇	37	是	20min
5	100% 乙醇	37	是	20min
6	100% 乙醇	37	是	30min
7	100% 乙醇	37	是	1h
8	氯仿	37	否	1h
9	氯仿	37	否	1h
10	氯仿	37	否	1h
11	石蜡	60	是	2.5h
12	石蜡	60	是	1.5h

表2.5 微波固定组织的处理程序
长循环：16小时35分钟

步骤	试剂	温度（℃）	真空	浸泡时间
1	100%乙醇	37	是	1h
2	100%乙醇	37	是	1h
3	100%乙醇	37	是	1h
4	100%乙醇	37	是	30min
5	100%乙醇	37	是	30min
6	100%乙醇	37	是	1h
7	100%乙醇	37	是	1h
8	氯仿	37	否	2h
9	氯仿	37	否	1.5h
10	氯仿	37	否	1.5h
11	石蜡	62	是	2.5h
12	石蜡	62	是	2.5h

甲醛的毒性

微波作为一种基础固定法的主要优点是在实验室和组织处理器中无需使用甲醛这种有害且存在潜在毒性的试剂。甲醛是光镜技术中应用最广泛的化学固定剂，但是甲醛具有刺激性气味，可以刺激上呼吸道导致粘液分泌亢进和流泪。人们一直在关注甲醛潜在的毒性，并认为直接暴露于甲醛气雾中可导致人类和动物肿瘤发生的危险性增加，以至于有人宣称："我们将最终认识到甲醛是一种致死性的化学物质……所以当你早晨刷牙，洗头，拿纸巾，甚至在穿上衬衣和裤子的时候——你都有可能暴露于这种致癌物质中"（Grossman，1983）。

一篇关于甲醛毒性的初步报告显示甲醛不仅可以刺激呼吸道还影响神经行为功能（Wagner，1984）。研究中的甲醛暴露组为来自California和Boston的68名男性和352名女性组织学技术人员。对照组为来自Los Angeles的26名男性和103名女性，他们在医院工作很少或不接触醛类溶剂。分析结果显示与对照组人群相比，暴露组的女性表现出记忆、平衡、情绪、睡眠、自主神经功能、粘膜以及呼吸等方面紊乱的明显症状。由于420名组织技术人员中多同时接触二甲苯和甲醛，分析资料显示甲醛接触的剂量效应相关性强于二甲苯。记忆力尤其是短时记忆，以及注意力最易被影响，有证据显示这种症状可以持续至离开工作后8小时。被调查的几个实验室的甲醛浓度为0.4～0.5ppm，在进行标本和组织处理时甚至更高。

极低浓度（＜1ppm）甲醛即可感觉到其刺激性气味。暴露于浓度为0.1～5.0ppm的甲醛可引起眼睛烧灼感、流泪和上呼吸道刺激感。0.3～2.7ppm的低浓度甲醛可扰乱睡眠和使某些人有刺激感（DHEW，1981）。10～20ppm高浓度甲醛可导致咳嗽、胸部紧缩感、头部压迫感、心悸等症状（Loomis，1975；Committee on Toxity，1980）。暴露在50~100ppm或更高浓度时,将导致严重损伤,包括肺水肿,肺炎甚至死亡(DHEW,1997)。皮炎是最常见的并发症。接触甲醛溶剂或甲醛合成树脂数天之后,眼睑、面部、颈部、阴囊、上肢的屈侧以及机体其他部位的表面皮肤均可发生急性炎症反应,有时甚至在多次暴露后数年才出现。已证实甲醛可以导致Fischer 344大鼠和B6C3F1小鼠产生一种罕见的鼻部恶性肿瘤,还可在Sprague-Dawley大鼠引发这种相同类型的肿瘤。数种检测系统还检测出甲醛有致突变的作用。职业安全和卫生管理局(Occupational Safety and Health Administration,OSHA)规定甲醛暴露浓度的现行标准为3ppm,在暴露浓度等于或低于此标准时,肿瘤发生的危险性尚未明确(OSHA,1980),但是显然我们应当通过技术手段和严格的工作制度将职业接触浓度降至尽可能低的水平。

2004年6月15日,国际癌症研究会(IARC)发布的报告称,来自10个国家的26名科学家根据现有的证据评估了甲醛的致癌性,明确得出结论:甲醛对人类具有致癌作用。正是由于越来越多的证据的出现,使得专家们修正了之前所持的"甲醛可能具有致癌作用"这一观点。专家小组的结论是甲醛对于导致人类鼻咽癌的证据充足,对于引发鼻腔和鼻窦恶性肿瘤的证据有限,对于引发白血病"证据有力但有限"(IARC)。

上述结论为在组织病理学实验室尽量避免使用甚至完全不使用甲醛提供了强有力的理由,但是病理学家们已经熟悉甲醛固定所产生的人工假象,而且他们的诊断标准和技巧也建立在这种假象的基础之上。这样,我们就可以理解为什么他们极不情愿更换另一种无毒性的固定方式,因为他们可能需要重新学习新固定方法所造成的一系列不同的假象。出于这种原因,我们推荐使用微波加速的甲醛固定法。该方法也同样适应了目前还很难改变的、外科医生和手术室长期以来形成的用甲醛溶液运送并存放标本这一习惯。对这一既定程序的任何变动都可能导致不利结果,尤为可能的是活检标本在送达实验室之前因长时间置于生理盐水中导致组织自溶。因此,在标本保存和转运到实验室的途中可以仍然固定于10%缓冲福尔马林溶液中。在接收标本时,无论其固定状态如何,都可以对其进行检查、切割和取材,而大标本和整体器官则在生理盐水中辐射硬化至72℃以便于取材。在病理学家完成大体观察和取材过程之前,或者积攒了足够数量的组织块之前,应将组织块进一步浸泡于缓冲福尔马林固定液中。所有包埋盒中的组织块随后置于缓冲福尔马林溶液中微波辐射72℃ 10分钟,然后将其直接转移至组织脱水机的无水乙醇中,按前文所述的适当进行程序处理。

应当注意,甲醛在工业和日常生活中应用很广,在病理实验室外的暴露也不能避免。甲醛用于生产树脂,而树脂作为黏合剂应用于木材、纸浆、玻璃棉和石棉。甲醛还广泛应用于塑料和涂料的生产,皮革和皮革制品的生产,纺织品加工以及工业化学品的生产。消毒剂和防腐剂也含有甲醛。在日常生活中,甲醛则来源于机动车排放物,烟草烟雾,食品和烹饪,刨花板和类似的建筑材料,涂料和清漆,洗涤液和消毒液。甲醛暴露不仅发生在病理学实验室和医院,也见于多种职业和工业以及我们的居室,所以与暴露相关的问题广泛存在,认识甲醛的致癌性仅仅是通过立法禁用甲醛的第一步。

组织固定的原则

毫不过分地说，良好的固定是制作良好组织切片的关键一步，细胞形态保存良好的组织切片对于组织诊断和分析都极为重要。

一旦组织从机体中移出，就开始了自降解或自溶的过程。这一过程在细胞死亡后通过激活细胞内酶而迅速启动，随后导致蛋白质的分解并最终使细胞液化。自溶过程与任何细菌作用无关，低温可减慢自溶速度，温度高于30℃则速度加快，加热至50℃则几乎完全抑制自溶过程。越是富含酶的组织自溶越快，如肝、脑、肾，而弹力纤维和胶原组织则自溶较慢。在光镜下，自溶的组织胞浆肿胀呈现"褪色"外观，并最终转变为不着色的颗粒状均质团块。自溶的细胞核的变化与细胞坏死时相似，包括核固缩（核缩）、碎片化（核碎）和溶解（核溶），但是并不伴随炎症或细胞反应。还可见具有诊断意义的胞内物质的弥散，例如在没有进行及时和恰当固定的组织时，其细胞内糖原消失。自溶还可导致上皮细胞与基底膜分离并脱落。

由死亡组织中细菌滋生所引起的细菌腐败同样可以产生与自溶相似的组织改变。这些细菌，有些为机体正常存在的肠道非致病性微生物，其他则为死亡时存在于病变组织中的致病菌，如败血症。

固定的定义可简述为"使组织和组织成分保持尽可能接近于生存时的状态，并使其能经受随后的组织处理过程而无变化的方法"（Leong，1994）。固定抑制自溶和细菌引起的腐败，稳定细胞和组织成分以便于进行随后的组织处理。对于组织固定，除了制作组织切片的需求，对细胞成分研究的升温和广泛运用免疫组织化学技术显示细胞蛋白成分以辅助形态学诊断，也对固定提出了新的要求，即固定应当良好地保存组织成分和蛋白。因此，固定是完成组织切片诊断等整个过程中的第一步和基础。

固定本身可以形成很多人工假象，这一点不应忽视。活细胞处于流体或半流体状态，而固定则引起组织蛋白和组分的凝固。凝固的细胞组分可被不同染料染着。细胞组分的凝固对于防止其流失和弥散，以及防止组织在后续处理过程中进入高渗和低渗溶液时发生细胞崩解是必不可少的。例如，未固定的新鲜组织长时间在流水下冲洗，将导致严重的不可逆的组织损伤和细胞自溶。然而，首先在福尔马林中固定，随后再浸泡于水中则对组织没有明显损害。

虽然目前有大量的固定剂可以应用，但是没有一种单一或混合试剂可以良好地保存组织并能显示所有已知的组织成分。出于这种原因，一些固定剂的应用范围特殊而有限，有些情况下则需要应用两种或两种以上的混合试剂以便于利用每种试剂的特性。固定剂的选择视需求不同而定，如应考虑需要显示的组织结构以及要求保存时间的长短等。每种固定剂均各有优缺点，有些用途单一，有些则用途广泛。标本量大的诊断实验室的要求不同于标本量少的科研实验室，前者强调处理速度，后者对特殊结构和细胞分析的要求较高但不强调快速处理。

多数分类法将固定剂分为凝固和非凝固两大类。也有些根据固定剂的化学性质将其分为三大类即醛类、醇类和重金属类（Leong，1994，1996a）。联合固定剂组成另一大类，微波辐射固定则是近期才被纳入固定法分类中的。

微波固定的分类

现有证据表明，微波辐射可作为一种基本固定法固定浸于生理盐水或缓冲液中的组织。此外，微波可加快化学固定剂在组织中的扩散速度，大大加快固定速度。

Login 和 Dvorak（1994）提出的微波固定分类法，将不同微波固定法分为五大类：

1. 微波稳定法：单独使用微波辐射保存组织结构，而不附加任何化学固定剂。
2. 快速和超速微波-化学基本固定法：将标本置于化学试剂中接受微波辐射数毫秒（超速）或数秒至数分钟（快速）。该方法在微波辐射前后均无需将组织暴露于化学固定剂中。
3. 微波辐射加化学后固定法：首先应用微波辐射固定，然后将组织置于化学试剂中固定数分钟到数小时。
4. 化学基本固定加微波辐射后固定法：在微波辐射前将标本浸泡于化学固定剂中室温固定数分钟。
5. 冰冻微波联合固定法：该方法用于制作冰冻切片，详见后文。

该分类法试图按微波在固定过程的不同应用方法对其进行分类，但是在概念上并不完全准确。因为固定就是指稳定蛋白和其他细胞成分，以便在后续的组织处理过程中保持细胞的完整性的过程，所以"微波稳定法"这一术语并不准确。在不使用化学固定剂的情况下，应用微波可单独作为一种固定法（Bernard，1974；Petrere and Schardein，1977；Chew et al.，1984；Leong et al.，1985；Leong and Milios，1986；Login and Dvorak，1988；Mac-Moune Lai et al.，1987），所以使用"稳定"一词削弱了微波的重要性。在诊断实验室中，第三类和第四类微波辐射固定法很少使用，较常见的是微波单独固定或者微波加速化学固定（即第一类和第二类）。如前文所述，与微波辐射联合应用的最常见的化学固定剂为醛类固定剂，即甲醛和戊二醛。微波应用于冰冻切片的情况较特殊，将在本书后面的章节中进行介绍。所以，微波应用于组织固定有两种方法，一是作为基本固定方法（微波固定），一是作为化学固定剂的加速剂（微波加速固定）。

迄今为止，我们认为微波的作用机制是引起电磁场中极性和非对称性分子的振动产生即时热量。热力可以加快分子运动和化学反应速率，而快速振动场所诱导的分子移动或运动本身也可能加快反应速率（参见微波的作用章节）。未使用任何固定剂的组织置于生理盐水中经微波辐射即可使组织蛋白的稳定性满足后续组织处理过程的需要，且细胞形态学保存无异于甲醛固定的组织，故微波本身即为一种基本固定法。其他方法中组织先短暂暴露于固定剂，而后进行微波辐射，其固定机制可能不同。

微波加速甲醛水溶液固定法

微波可以加快固定剂在组织中的渗透速度。Mizuhira 和 Hasegawa（1990）证实了暴露于微波10秒钟，放射标记的甲醛分子即可均匀地分布于组织块中。甲醛水溶液中存在着甲醛—水化合物甲二醇和水与甲醛间的电离平衡：

$$HCHO + H_2O \rightleftharpoons CH_2(OH)_2$$

甲醛水溶液的核磁共振光谱分析显示甲二醇依次形成很多寡聚体包括低分子量多聚水化物或是多聚甲醛醇（Walker，1964；Pearse，1980；Fox，1985）。因此，甲醛水溶液实际上是由甲二醇和其寡聚物以及甲醛组成的（Leong，1994，1996a）。寡聚物所占比例与温度成反比（Le Botlan et al.，1983）。甲醛水溶液中甲醛单体的比例小于0.1%，以至于有学者推测甲醛水化物或甲二醇为活性成分，但是这与现有的认识并不一致。甲二醇可快速穿透组织，相比较而言甲醛穿透速度则较慢。甲醛作为固定液中的活性成分，其有效固定的主要特征是蛋白质末端基团之间形成交联。该过程中所涉及的基团为氨基、亚胺基和酰胺基、肽键、胍基、羟基、羧基、巯基和芳香环。这些亚甲基之间的化学键以及相邻分子的氨基基团之间的化学键被认为是甲醛固定的基础（Pearse，1980）。例如，两个相同的基团如NH_2间，或不同基团如NH_2和肽（CONH）或NH_2和NH间均可形成化学键，这些化学键的形成依赖于与甲醛复合物的初级基团空间结构相匹配的次级基团的存在。

有研究证实，即使快速甲醛反应如巯基化合物与甲醛的化学反应（相对于胺基化合物和甲醛的反应速度来说），即$R.SH + CH_2O \rightleftharpoons R.SCH_2OH$，一个甲醛分子也只能与一个既定的巯基化合物分子反应（Pearse，1980）。一项关于甲醛（pH 6.0）对皮革中酪蛋白的鞣化作用研究显示甲醛分子被固定在蛋白分子上，且经流水冲洗5h后仍然有大量甲醛分子结合在蛋白上（因此皮革化学家声称是蛋白质固定了甲醛，而不是我们通常的与此相反的理解）。长达24h的流水冲洗可以移除更多结合甲醛，但是仍有些甲醛分子与蛋白不可逆地结合在一起。蒸馏法定量测定显示长时间热酸浸泡可水解大部分结合甲醛分子。应用这种处理程序发现冲洗12h后的酪蛋白样品中甲醛含量为1.9%，相同的样本仅冲洗1.5h者（与病理实验室的做法接近）甲醛的含量为2.6%。这些观察结果显示蛋白质经甲醛处理后大部分基团可能仍保持活性状态，因而与随后所用的任何试剂均可能发生反应。很显然，在室温条件下10%中性福尔马林固定仅形成很少的复合物和桥接物，4℃时则形成得更少。此外，最初形成的复合物和桥接物大部分不稳定而不能承受冲洗。了解固定组织中那些可以与甲醛片断不可逆性结合的基团的确切性质非常重要，因为这些基团的活性可能被抑制，而不能用于后续的组织化学和免疫组织化学检测。有人提出芳香氢和NH_2基团是参与桥接形成的主要基团。

甲醛固定至少包含三个过程。首先，甲二醇扩散进入组织；然后，组织内的甲二醇脱水形成甲醛；最后，甲醛分子与组织蛋白交联结合。我们已经知道加热福尔马林可以加快组织固定。Boon等（1988）的实验推测出微波能加快固定过程是由于辐射产生的均匀升温可加快上述三个过程，即甲二醇扩散进入组织，甲二醇分解为甲醛和水，甲醛与组织蛋白结合。温度同样可以加速甲二醇寡聚物的解聚。Boon等（1988）的研究提示与短时间浸泡和未浸泡甲醛的组织相比，在微波辐射前将组织浸泡于甲醛溶液中4小时即可获得微波加速甲醛固定法的最佳效果（辐射温度50℃~60℃）。他们观察到组织块中心的细胞形态较差，因而得出结论：微波促进甲醛扩散进入组织的作用有限。他们认为"在温度升高前，甲二醇已完全浸透组织时"才能达到微波的最佳固定效果，而在甲醛中浸泡4小时则可以达到这种要求（Boon and Kok，1988）。

我们一直对未经福尔马林溶液浸泡过的新鲜组织块进行微波加速的甲醛固定，但无法证实Boon和Kok的观察结果。无论组织在甲醛浸泡时间长短（数分钟到数天），微波均能加快其固定（Leong and Price，2004；Haffajee and Leong，2004）。所以，我们认为微波加速固定法中的关键机制是微波能促进固定剂在组织中扩散。有趣的是Mizuhira和Hasegawa（1996）的电镜研究也得到了相似的结论。他们将组织置于含有2.0%多聚甲醛、0.5%戊二醛、$CaCl_2$缓冲液和0.1%鞣酸的混合溶液中进行微波辐射取得了良好的超微结构保存效果。混合溶液中含有Ca^{2+}离子，使得Ca^{2+}在切片上的分布得以通过计算机化的电子散射X线分析系统进行检测。结果显示微波辐射切片的Ca^{2+}信噪比较常规固定切片高3～10倍，表明微波可提高离子的渗透和扩散速度。这些发现证实了他们以往的观察结果，即微波辐射可以加快冰冻切片中^3H标记的甲醛分子扩散速度（Mizuhira et al.，1991，1993）。因此，单纯刺激分子运动即可加快甲醛固定作用的三个过程。微波产生热量则是分子动力学或分子运动引起的继发改变。

物理定律表明液体的黏滞性即扩散速度随着温度的变化而变化。现在温度可以影响固定剂的组织穿透力这一事实已被广泛接受了。实际上，已经证实温度升高到45℃可以加快组织的戊二醛固定（Peracchia and Mittler，1972）。将组织浸泡于乙醇、甲醛和醋酸的混合溶液并加热至80℃可作为应用于光镜的快速固定法（Ni et al.，1981）。也有报道将动物组织固定于甲醛加热至70℃可以很好地保存超微结构（Zeikus and Aldridge，1975）。

整体器官的微波固定和微波加速固定

除了我们前面提到的为了便于进行即刻检查和取材而使用的整体器官微波硬化法，微波还可作为基础固定剂或化学固定剂的加速剂用于固定多种器官。对于新鲜的前列腺切除标本可以多位点注射甲醛，然后进行微波辐射使组织得到符合常规诊断需要的快速而恰当的固定（Ruijter et al.，1997）。微波还曾被用于固定肾活检穿刺组织（Mac-Moune Lai et al.，1987）。由于骨的包绕，脊髓的解剖学和组织学研究均很困难，而且浸泡固定时易发生组织降解和机械性创伤，固定剂的扩散过程缓慢而冗长。微波辐射原位固定脊髓可避免其他固定法所产生的人工假象（Gower et al.，1988）。胎鼠经中性福尔马林微波辐射固定，以及大鼠眼球经人工脑脊液55℃～72℃微波辐射固定20秒可呈现良好的视网膜形态，这两者均可避免常规固定法造成的人工假象（Lzumi et al.，2000）。微波固定还可以用于视网膜的透射电镜研究（Wendt et al.，2004）。微波辐射固定整个昆虫可以良好地保存多数质地娇脆的器官的形态，如苍蝇的额胞和复眼（Koga，Ueno and Yamashima，2003）。微波辐射还被用于固定雏鸡和大鼠，以便更为精确地研究这些动物体内甲状旁腺素和前列腺素的骨吸收状况（Dacke and Shaw，1987）。微波加速戊二醛固定法已成功应用于固定原生动物（Benchimol，Goncalves and de Souza，1993）以及植物和昆虫组织中番茄斑萎病毒属病毒的超微结构和免疫电镜研究（Wescot et al., 1993）。

微波固定在神经化学分析中的应用

微波固定用于神经化学分析的组织方法已经很成熟了（Stavinoha et al., 1970；Schneider et al., 1982）。辐射实验动物可以得到几乎与死亡同步的脑组织固定效果，这样就能在酶降解神经化学物质之前，对其进行更加精确的测定。近来，微波同样应用于神经组织的形态学研究。生理盐水或甲醛浸泡的脑组织，经微波辐射后制作出的切片没有常规石蜡包埋切片中因脱水和浸蜡过程漫长所致的组织自溶性形态学表现，而且在神经微丝的Bodian染色和免疫组织化学染色中，轴突结构显示得更加清晰（Marani et al., 1987）。

微波固定与微波加速固定的最适温度

目前还没有方便且准确的方法对微波辐射组织时产生的能量进行定量。最方便的间接方法是测量组织或浸泡液/固定剂的温度。文献报道的最佳固定效果的温度范围为50℃~72℃。Bernard（1974）首次提出不同器官的最适固定温度也不同，但是我们的经验以及后继研究者们的工作都不支持这种说法。事实上，微波所产生的能量与时间和温度相关。我们发现低温虽然有效，但是需要更多时间产生能量。例如，650W 70℃的辐射持续10分钟与相同功率下52℃辐射60分钟的效果相同。虽然从文献报道中可以查到关于最适时间和温度的指南，但是各个实验室需要根据自己的要求摸索最适时间和温度，还要注意的是虽然温度的设定范围很广，但是仍需要仔细观察有效温度的最低值和最高值。根据我们的经验，温度低于50℃，无论暴露时间长短，均无固定作用；温度高于72℃将导致组织热损伤。我们通常将温度设定在70℃左右，持续时间为10~20分钟（取决于组织块的数量）。总的来说，温度低于72℃时对辐射持续时间的要求并不严格，超过最适固定时间（长达30分钟）并不导致组织细胞形态学的显著改变。辐射可连续或者间断进行，后者固定效果似乎更佳。例如，若60℃辐射15分钟未达到预期固定效果，可以在相同温度或更高温度下（不超过72℃）对组织进行第二次辐射固定。需要摸索辐射持续时间和温度的根本原因是由于我们不能精确测量组织中产生的能量，所以只能通过测量组织和浸泡液的温度来反映组织中能量产生的多少。

上面的阐述对微波固定法和微波加速固定法均适用。

光镜标本的微波固定程序

本实验室所采用的光镜标本微波固定流程为：

1. 实验室接收新鲜或半固定的活检组织/整体器官，并登记。

2. 将大标本和整体器官浸泡于生理盐水，注意要完全浸没标本，70℃微波持续辐射一段时间充分硬化标本以便于检查、切开和取材。应当注意的是微波的波长较短，限制了其在组织中的穿透深度，所以该步骤的目的仅是硬化标本。如果不能精确控制生理盐水的温度，则需要频繁测量并注意为避免组织的热损伤而勿使温度超过72℃。如超过72℃则更换室温生理盐水。

3. 检查、切开和取材后，无论组织块固定状态如何，均将其固定于10%缓冲福尔马林溶液中经微波70℃辐射20分钟，然后再放置于组织脱水机中。同样，由于微波对组织穿透力有限，组织块的厚度不应超过2~4mm。在大体观察和取材过程中以及收集组织块的过程中，应当将组织块置于10%缓冲福尔马林溶液中。

4. 将微波加速福尔马林固定的组织块转移至组织脱水机中；将微波硬化后的组织重新放置于福尔马林溶液中保存。

微波固定能否破坏微生物

人们普遍关心的是微波固定能否消毒组织。为说明这一问题，Douglas-Jones 等（1990）特意设计了一项实验，将严重感染结核杆菌的几内亚猪肝脏暴露于家用微波炉。该处理不仅可以消毒受感染的组织，随后的组织学也显示组织结构保存良好，Ziehl Neelsen染色显示微生物的形态正常。学者们建议使用微波辐射固定的冰冻切片以保证结核病诊断时的生物安全问题。Rosaspina等（1994a）实验将微波应用于外科金属器械的消毒。实验显示暴露于微波3分钟足以杀灭7种Gram阳性菌和2种Gram阴性菌以及破坏枯草杆菌芽孢荚膜。经证实微波暴露4分钟即可消灭牛型结核杆菌。

另一项研究中，将感染狂犬病毒的脑组织印片在含Tween 20的磷酸缓冲盐溶液中经50%功率（650W微波炉）微波辐射固定1分钟。上述处理不仅可以消毒印片，而且在标本送至实验室1.5小时之内即可完成标准的狂犬病病毒免疫荧光染色，检测出病原体的存在（Davis等，1997）。

应当注意，在微波辐射固定之后，石蜡包埋之前要将组织经无水乙醇和甲醛（或甲苯替代物）处理，这些步骤能进一步消毒组织。

对甲醛中的组织进行微波固定，其消毒过程与未经微波辐射者并无显著差异。与简单扩散相比，微波辐射确实可以使甲醛更加迅速并均匀一致地扩散进入组织。当与其他传统化学固定剂联合使用时，微波也会起到相同的作用。

组织块取材后，按常规做法，将湿组织重新放置于甲醛。

电镜标本的微波固定法

生理盐水中辐射固定的标本可以良好地保存细微结构而被用于电镜研究（Leong et al., 1985）。微波辐射和戊二醛或其他交联剂如Karnovsky固定剂（0.05%戊二醛和2%

甲醛）联合使用则可以得到最佳固定效果（Login and Dvorak，1985）。所以，为保存最佳超微结构应联合使用微波和常规化学固定剂如戊二醛。

当细胞或组织从机体或细胞培养液中被移出后，会因缺乏营养和氧气而立即发生自溶。这些改变可以通过光镜进行检测，但是更早期的改变可以在超微结构水平观察到。适当固定剂的快速渗透可阻止组织自溶过程。普遍使用的电镜固定剂为戊二醛，可单独使用或与其他溶剂联合使用。最初戊二醛作为一种鞣剂应用于皮革业，它通过引起蛋白-蛋白交联而发挥固定作用。与甲醛水溶液一样，戊二醛水溶液中存在游离戊二醛分子、环状半水化合物和其寡聚物。此外，戊二醛水溶液中还含有戊二醛聚合物、戊二醛单体和其他杂质。像甲醛一样，过去曾经认为起最佳固定作用的是聚合物而非戊二醛单体，但是现在很少有人仍持这种观点。目前认为单体形式为更好的固定剂，与单体-聚合混合物相比，前者对酶的抑制性更小。降低pH值和滴加酸（如HCl）以及4℃或更低温度储存均可明显延缓戊二醛的降解。随温度的升高聚合过程呈指数级加快，而中性pH则起相反的作用。

由于戊二醛是一种双功能基团化合物，戊二醛与蛋白质氨基酸残基的反应类似于甲醛与氨基酸残基的反应。室温下30分钟戊二醛与半胱氨酸的氨基和巯基发生完全反应。相同条件下，戊二醛与甘氨酸和赖氨酸的氨基发生近乎完全反应，但是与组氨酸和酪氨酸的氨基以及前者的咪唑环发生不完全反应（Pearce，1980）。与氨基酸不同，戊二醛与蛋白质的反应速度较慢，例如戊二醛与牛血清白蛋白的氨基的反应速度依赖于pH值，高pH值时反应速度明显增快。戊二醛与不同的蛋白的反应速度也不同，例如在与卵白蛋白反应时无上述特点。

微波加快戊二醛固定的作用与微波加快甲醛固定相似，也包含了若干步骤。首先是固定剂扩散进入细胞。与光镜的组织块不同，用于电镜的组织被切割成更小的片段，体积为1mm × 1mm × 0.5mm，因而使溶剂需要渗透组织的距离更短。然而，组织自溶是即刻发生的，相应地要求溶剂必须快速渗透和固定组织。一旦进入细胞，单体戊二醛即可与蛋白质配体发生反应。随后，蛋白质交联聚合使细胞其他成分（如脂质）同时得以保存。目前认为使用多聚甲醛和戊二醛混合溶液优于使用单一醛类溶液。虽然有人提出，单独或联合戊二醛使用甲醛有损于细胞表面结构的固定，如桥粒、细丝、附着板、基板或外板和吞饮小泡（Harb，1993），但是与戊二醛需较长时间渗透相比，甲醛成分渗透更快，从而更能稳定组织。固定剂中添加缓冲液可以维持pH值稳定和克服溶剂中杂质的影响，并使组织处于最接近于生理性酸碱平衡的状态。缺乏适当的缓冲液时，由于细胞成分的过度流失，细胞将发生萎缩或肿胀。不同的缓冲液所引起的胞浆和细胞外成分收缩程度不同，导致反差程度不同和超微结构电镜图像的变化。出于这些原因，磷酸盐缓冲液和二甲砷酸盐缓冲液成为在电镜中应用最为普遍的缓冲液，因为后者的电子图像反差最大。

如前所述，当使用微波进行加速固定时会发生多个反应。微波使固定剂加速扩散进入组织，产生微涡流或搅拌效应，使极性分子和离子活化并在电磁场中振动，最后聚合戊二醛分子转化为活性状态的单体形式。

在计算机调控的、能精确控制微波释放的时间和温度的微波仪器例如Milestone仪器出现之前，我们所使用的家用微波炉产生的能量显然远远大于固定小块电镜组织所需的能量。所以，需要在微波炉内放置水，以便增加负荷吸收多余的能量，否则辐射的过程中可能引起细胞损伤。

为避免家用微波炉的弱点，有人发明了"超快速微波仪器"，据称可以使微波输出功率最大化和使产生的电磁能量与组织相匹配。这种仪器可以均匀辐射 $1cm^3$ 的组织，仅 100ms 即可达到 50℃（Login et al.，1986）。简单地说，这种仪器可以释放最大功率 7.3kW、频率 2.45GHz 的微波，并有定向耦合器和电磁通量调节器可最大限度均匀分布场强和定向辐射标本及浸泡溶液。磁控管释放间隔为 2s 的连续微波，间隔调整的精确度可达 1ms。通过调整指向标本的低功率微波信号的前向和后向反射系数可以得到均匀辐射。应用这一仪器，笔者对 Karnovsky 溶液中的电镜组织 32℃辐射 26ms 即取得了良好的保存效果。在用 0.2mol/L 对甲基吡啶缓冲液配制的 2%锇酸固定液 25℃进行后固定之前，组织可移入 pH7.4 的 0.1mol/L 二甲基砷酸钠溶液中，4℃保存。

大量透射电镜（Marti et al.，1987；Boon and Kok，1988；Benhamou et al.，1991；Leong，1993；Benchimol et al.，1993；Wescot et al.，1993；Leonard and Shepardson，1994；Mizuhira and Hasegawa，1996；Giberson et al.，1997）和扫描电镜（Benchimol，Goncalves and de Souza，1993）文献证实，微波能保存人和其他动物组织以及生物标本，包括原虫（Wescot et al.，1993）、植物和昆虫组织的超微结构特点。

扫描电镜中，2.5%戊二醛辐射固定所保存的微细结构与常规固定的组织相比，前者的固定效果等同甚至优于后者（Riches and Chew，1984）。微波辐射福尔马林和戊二醛固定组织已成功地应用于肾活检的光镜和电镜检查。扫描和透射电镜均显示肾小球的形态保存良好。此外，微波固定的活检组织还可以应用于免疫荧光研究，其结果与组织直接冰冻切片的结果相似（Mac-Moune Lai et al.，1987）。

微波加速固定的组织同样适用于电子衍射X线显微分析和光谱成像技术（Mizuhira and Hasegawa，1997）。用于进行元素分布分析和免疫电镜研究的细胞化学、酶免疫细胞化学、放射自显影法的超微结构染色，也已被证实不受微波辐射的影响（Westcot et al.，1993；Mizuhira and Hasewaga，1996，1997；Login et al.，1987a，1987b）。

微波固定组织中酶和抗原超微结构的保存

大量文献报道了对微波固定法组织酶和抗原的超微结构保存优于常规固定法。在已有大量文献证实了微波在福尔马林固定、石蜡包埋组织中的作用的前提下，这一点并不出人意料。微波辐射醛固定剂极大地缩短了固定时间，因此大量脂肪分解酶如脂酶和鞘磷脂酶保存了良好的超微结构定位和清晰度（Rassner et al.，1997）。微波快速固定法可在超微结构水平显示多种常规固定法无法显示的蛋白质。这些分子包括肿瘤坏死因子（Beil et al.，1994）、核基质蛋白（Chew et al.，1993）、谷胱甘肽过氧化物酶（Utsunomiya et al.，1991）、大量神经肽和有髓纤维（Login and Dvorak，1994；Feirabend et al.，1994）以及 Ca^{2+} 离子（Mizuhira et al.，1994；Somosy et al.，1994）。总之，微波固定在良好地保存超微结构的同时提高了戊二醛敏感性抗原的抗原性（Jamur et al.，1995）。

电镜标本的微波加速固定程序

下述操作步骤根据已发表的文献（Daymon and Leong，1984；Login et al.，1987；Leong and Gove，1990）总结。

1. 将组织标本放置于盛有 2ml 固定剂的塑料管中，然后将塑料管放置于聚苯乙烯塑料泡沫板上，泡沫板要高于转盘表面1.5cm（该区域为微波炉腔内辐射最均匀处），将泡沫板放置于微波炉腔的中央（图 2.13）。

2. 标本经辐射至 50℃，大约耗时 5～10s（这一辐射时间太短而不易进行精确控制，可以在炉腔内放置一个盛有 1L 水的玻璃烧杯进行调整，以便于吸收多余的能量。该处理可以缓冲微波辐射，并延长达到固定所需的 50℃ 的时间）（图 2.14）。

图 2.13 将小块标本完全浸没于塑料瓶的固定剂中，放置在转盘中央的塑料泡沫板上进行微波加速固定。

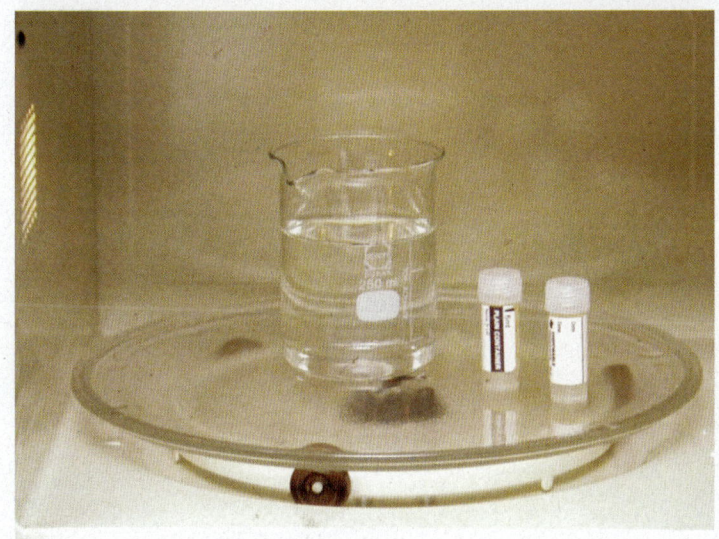

图 2.14 在盛有小块标本（2mm×1mm×1mm）和固定剂的塑料瓶旁放置水负荷以缓冲家用微波炉磁控管产生的能量。

微波技术在光镜和超微结构研究中的应用

3. 完成辐射后，将组织立刻转移至含有0.02%叠氮化钠的0.1mol/L二甲砷酸钠缓冲液中，可最多储存2周，或者即刻进行后续处理。

多种适于超微结构固定的交联剂可以与微波联合应用。总的来说，与常规室温固定法相比，联合固定法可使用较低浓度的交联剂，例如，0.05%～1.0%戊二醛辐射至50℃即可良好地保存超微形态（图2.15和2.16）。

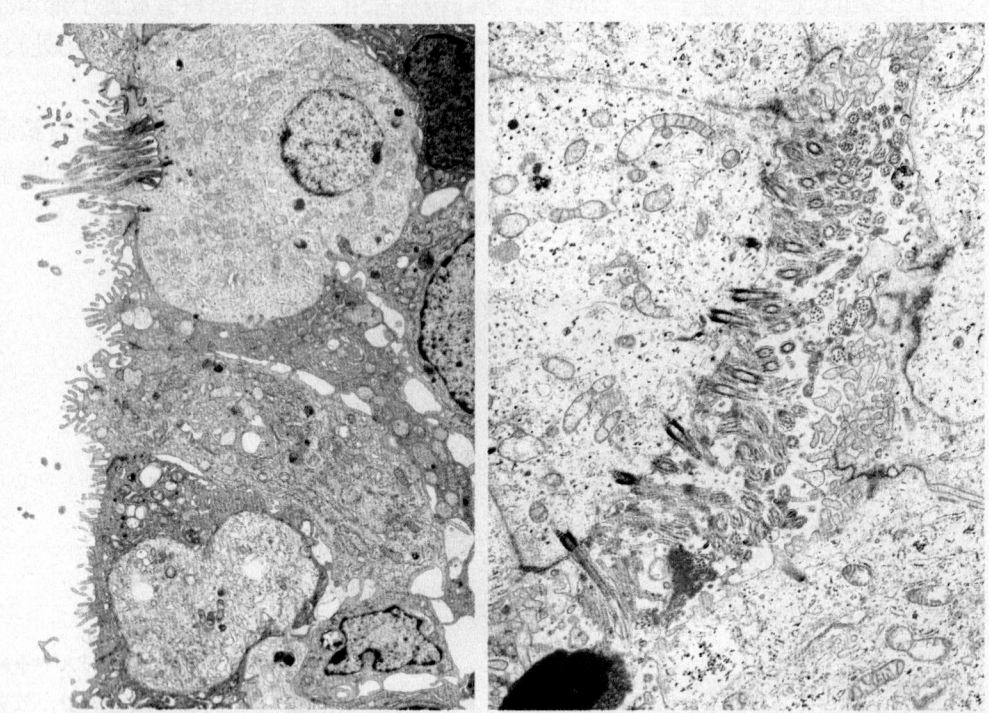

图2.15 微波加速固定的子宫内膜腺癌标本，0.05%戊二醛辐射5s至50℃，然后经pH 7.4的0.1mol/L二甲砷酸钠缓冲液-0.2mol/L锇酸4℃后固定。注意超微结构尤其是细胞膜、细胞连接和细胞器保存良好。

第二章 组织固定

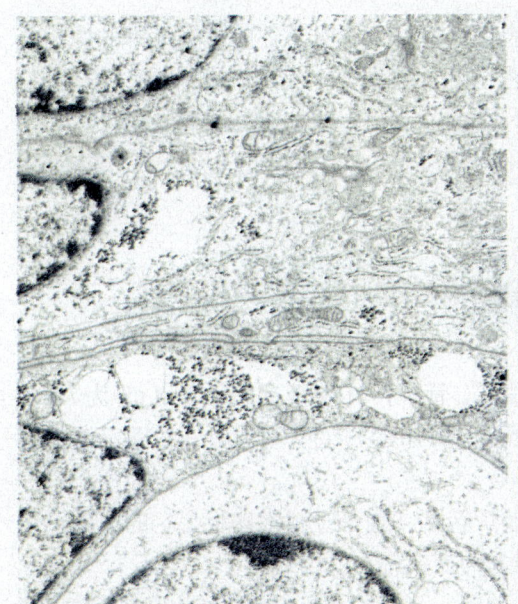
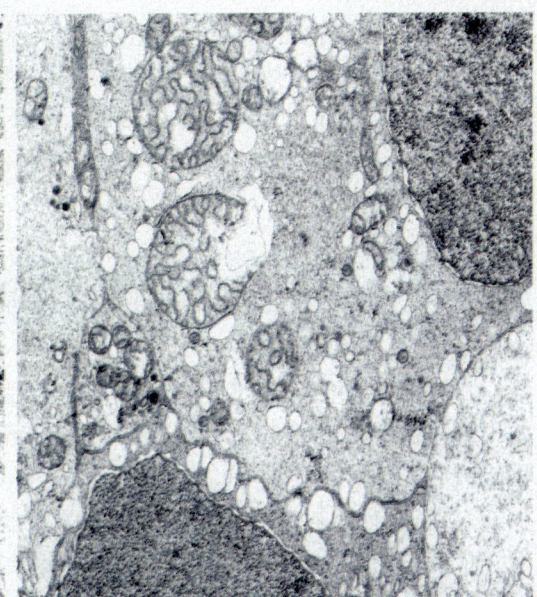
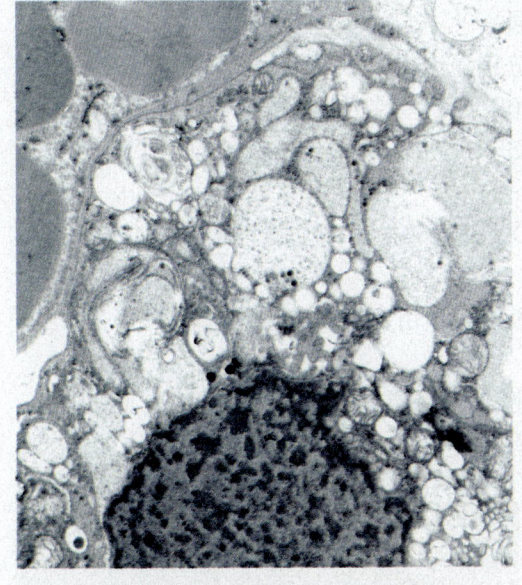

图 2.16 微波加速 Karnovsky 固定法（pH 7.4 的二甲砷酸钠缓冲液，新鲜配制的 2% 甲醛、2.5% 戊二醛和 0.025% 氯化钙）固定的鼻腔嗅神经母细胞瘤。三幅图像均显示超微结构特征保存完好。

微波加速固定法用于细针穿刺活检标本的超微结构诊断

细针穿刺活检为许多疾病提供了无创性快速诊断方法。为提高诊断速度，微波已应用于细针穿刺活检标本的快速固定（Gove et al., 1990；Leong and Gove, 1990）。将组织置于 8～10ml 1% 戊二醛、4% 甲醛混合的二甲砷酸盐缓冲液中，经 650W 微波炉辐射 25 秒即可完成固定。

固定后经梯度乙醇脱水和环氧树脂包埋等处理过程，完成染色。在 2 小时内，标本就可以进行超微结构的检查，且超微结构形态保存完好（参见下述的电镜标本的快速处理过程）。目前这些技术及其改良方法广泛应用于兽医学、动物和植物标本的研究（Gokhale and Khan，1992；Heumann，1992；Benchimol et al.，1993；Westcot et al.，1993；Walzl，1993），并已实际应用于诊断兽医学标本的4小时快速处理流程中（Giberson et al.，1997）。

细针穿刺活检标本的快速微波加速固定和处理程序

1．将吸取的组织立刻从注射管移至塑料离心管中，其内盛有8～10ml pH为7.4的二甲砷酸盐缓冲McDowell固定液（1%戊二醛和4%甲醛）或者其他更好的固定液。用固定液冲洗注射器中残留的吸取物。

2．将盛有标本的塑料管放置于600W微波炉转盘（置于塑料泡沫板上）的中央，设定在"高"档进行辐射至50℃——这一过程大约需要辐射25秒。

3．2%锇酸后固定10分钟。

4．2%醋酸铀水溶液中整体染色10分钟。

5．依次通过70%、90%和100%乙醇分别浸泡处理20秒。

6．环氧丙烷浸泡20秒，然后在50%/50% 环氧丙烷-环氧树脂中浸泡5分钟。

7．最后在100%环氧树脂（Polabed-812，Biorad，英国，Hertfordshire）中浸泡10分钟。

上述每个步骤之后，均需将细胞悬液500g离心2分钟，倾去上清液并加入10ml下一步的溶液，振荡混匀后静置时间如上所述。

8．第7步后，将细胞团放置于硅酮树胶模板中用新鲜树脂进行包埋。

9．将树脂于95℃聚合1小时。

10．包埋块冷却后切片，依次用2%醋酸铀水溶液和枸橼酸铅分别滴染1分钟。

完成整个处理过程耗时小于2小时，并呈现良好的超微结构特征（图2.17和2.18）。

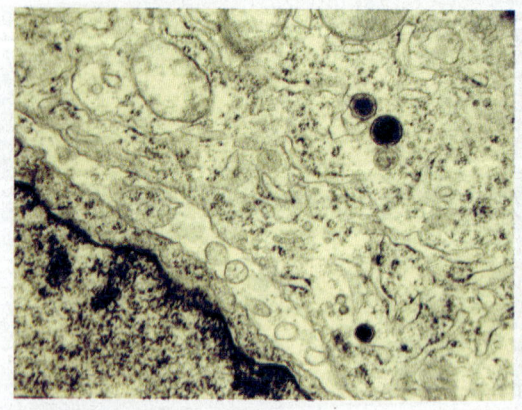 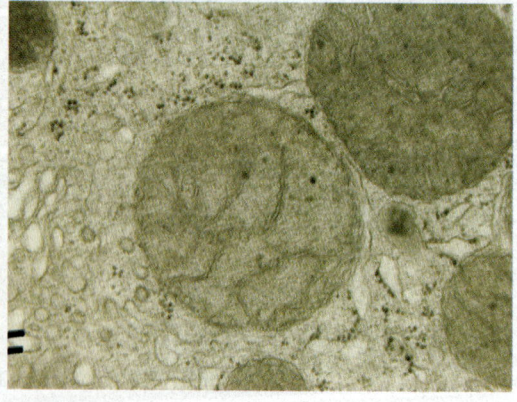

图2.17　颈部淋巴结的转移性燕麦细胞癌细针穿刺活检标本，经1%戊二醛和4%甲醛混合液辐射快速固定50℃ 25秒。亚细胞形态得以良好地保存，致密颗粒（左）及其他细胞器均清晰可见（右）。

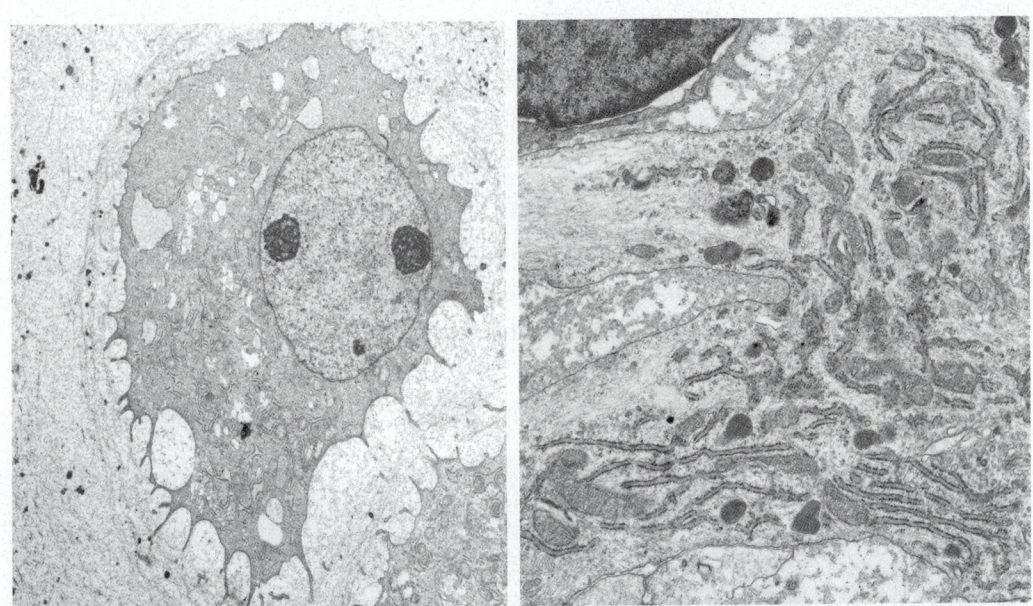

图 2.18　盆腔转移性软骨肉瘤的盆腔沉积物细针穿刺活检,经 1% 戊二醛和 4% 甲醛混合液辐射加速固定 50℃ 25 秒,按照前述流程快速处理 2 小时内得到的标本。可见骨母细胞超微结构保存良好,无异于常规处理过程所得的结果。

细胞学标本的微波固定

虽然细胞学标本仅仅为几个细胞的厚度,固定液通常能快速渗透进入标本,但也发展了一些技术用于加快处理过程和提高涂片及细胞块的细胞学形态保存效果。尤其是当联合使用微波加速随后的染色过程时,在几分钟内即可得到染色的细胞涂片标本进行检查。

Boon 和 Kok (1988) 研制了一种称为"Kryofix"的专利溶液,由乙醇和低分子量聚乙烯乙二醇混合而成,用于固定石蜡包埋组织和细胞涂片。与常规固定剂相比,聚乙烯乙二醇能更快渗透进入组织,在辐射时渗透速度更快。与乙醇联合应用可以作为一种良好的固定剂 (Boon and Drijver, 1986; Kok et al., 1987)。

事实上,无论使用何种固定剂,如100%甲醇、Kryofix 或其他细胞学固定剂,固定过程均可被数秒钟的微波暴露所加速。正如前面所讨论的,微波产生的能量远大于固定所需能量,所以应当放置水负荷以缓冲能量。这种方法比使用微波炉低功率档更可取,因为后者只是调节磁控管开关时间;而"高"档条件下,磁控管的输出功率是连续一致的,只是为避免细胞学标本的热损伤需要用水负荷缓冲能量而已。其条件需要实验室根据各自经验总结,除非实验室有可以精确控制时间和温度的微波炉如 Milestone 仪器。关于细胞学标本和涂片的固定技术细节,读者可参考 Boon 和 Kok 编著的手册。

提倡使用Kryofix微波辐射固定法，不仅因为该方法可以加快固定过程，而且可以避免标本中存在的黏液所带来的一些问题。黏液可以阻止固定剂渗透进入痰液标本，而辐射可以使黏液皱缩以便于筛选细胞块（Boon and Kok，1988）。Boon和Kok（1988）提出的痰细胞块的制备过程如下：

1. 将痰液放置于盛有40ml Kryofix溶液的瓶中，55℃辐射5分钟。
2. 将标本移至小袋内并浸泡于40ml无水乙醇中，70℃辐射5分钟。
3. 将小袋移至40ml异丙醇中，74℃辐射5分钟。
4. 将小袋移至40ml熔化的石蜡（paramat）中，70℃辐射7分钟。
5. 热石蜡进行包埋。

应用该方法可以同时处理10个标本。如果增加标本数量，应当相应地增加浸泡液。

要点

- 微波可以用于硬化大标本以便于立即切割和处理。
- 微波70℃辐射生理盐水中的组织块可以固定组织。
- 微波可以作为常规固定剂包括福尔马林的加速剂。
- 甲醛具有毒性，如有替代物应尽量避免使用。
- 微波可用于电镜标本的固定。
- 微波固定后组织中酶和蛋白保存良好。

（石雪迎　李方　译）

第三章

微波加速的脱矿过程

脱钙是组织病理学中最为缓慢的程序之一。高度钙化的组织如骨，其主要成分钙需要在组织处理之前脱去。虽然"脱钙"这一术语在处理过程中广泛应用，但是"脱矿"更为准确，因为软化是移出骨的结晶成分——羟基磷灰石的过程。此过程所需时间取决于标本的体积，可能耗时几天到几周不等。

传统上脱钙液分两类，即无机盐和耦合剂。前者包括弱酸和强酸。甲酸、乙酸、苦味酸为弱酸。可以把这些酸加入一些固定剂中如Carnoy和Bouin溶液，同时作为脱钙液和固定液。弱酸的脱钙作用较缓慢，对组织的作用也较柔和，但是即便是酸度较弱的甲酸，其脱钙速度也远大于耦合剂，能影响超微结构、酶组织化学和免疫组织化学。弱酸仅适用于少量矿化组织的脱矿。

强酸包括硝酸、盐酸、硫酸（Athanasou et al., 1987）。单独使用这些强酸时，其水溶液的浓度应达10%。强酸的脱钙作用迅速，但因能引起蛋白质的水解而使非矿化组织溶解并导致组织学特征完全丧失，所以使用时应当严密监视。硝酸可引起大体标本变黄，但在组织处理过程中黄色可被脱去，所以组织切片上不会显示。强酸最大的缺点是水解蛋白质，导致核酸不着色以及胞浆对伊红及其他阴离子染料的过度着色。因此经过强酸脱矿后，应当小心调整染色过程。鉴于以上原因，应当避免使用这些溶液或者仅在需要快速脱矿的情况下（如室温48小时内）使用。

脱钙剂的另一大类是耦合剂，最常使用的是乙二胺四乙酸（ethylene diaminetetraacetic acid，EDTA）。EDTA可与羟基磷灰石结晶外表面的钙离子结合。当这些钙离子被耦合后，结晶体的体积减小，从而达到脱矿目的。这一过程中，与羟基磷灰石结晶耦合的EDTA分子被消耗，所以为了继续进行耦合过程需要不断补充EDTA分子，而不停地搅拌则能极大地加速耦合过程。使用的EDTA为pH值中性、浓度约14%的EDTA饱和水溶液。耦合剂的脱矿作用比酸性脱矿剂慢，但是耦合剂使用更为广泛，因为与酸性脱钙剂相比，耦合剂对细胞形态的保存更好。

其他曾被使用的脱矿方法包括离子交换树脂、电解和高频声波法，但目前很少采用。离子交换树脂可与无机酸联合使用移出钙离子，并可延长无机酸的使用时间，但是相应增加了树脂的额外花费，而脱钙液其实可以很容易地天天更换，所以该联合脱钙液使用并不广泛。

某些因素可以加快脱矿过程。提高酸浓度可以加快脱矿速度，但是相应地也增加了组织的损伤和水解程度。提高温度同样可以加快脱钙过程，但过高的温度也导致组织热损伤。脱钙的适宜温度为20℃～25℃，如果需要阻止过度脱矿，将温度降至4℃即可使脱矿速度明显减慢或停滞。应确保组织充分浸没和暴露于脱钙液中。机械搅拌虽然有利于脱钙但需要速度恒定，例如可以应用诸如输血导管混匀器之类的旋转设备。

根据前述的微波特性，可以预料微波能用于加快组织的脱矿过程。除了升高温度，微波在羟基磷灰石和脱钙剂的交界面产生的微涡流，以及在振动电磁场中产生的分子运动可以加快脱钙过程。Tinling等（2004）近来的研究表明，微波对骨组织脱矿过程的加快作用不依赖于温度。在温度固定为20℃时，对放置于组织旋转器上的组织进行EDTA联合微波或不联合微波脱矿，结果显示两种情况所需时间显著不同。微波加速脱矿过程需24小时，而不使用微波的脱矿过程则需30小时。此外，他们注意到骨髓可以明显阻碍脱矿过程。

我们使用含有EDTA的商业化脱钙液，将标本置于充足的脱钙液中微波辐射至50℃可以极大地加快脱矿过程。组织或骨的体积不同，所需时间也不同。骨髓穿刺活检组织脱矿10～20分钟可以良好地保存细胞形态学特征以及组织化学和免疫组织化学特性（图3.1）。

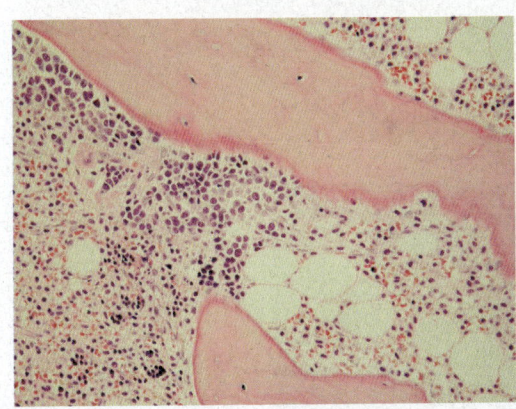 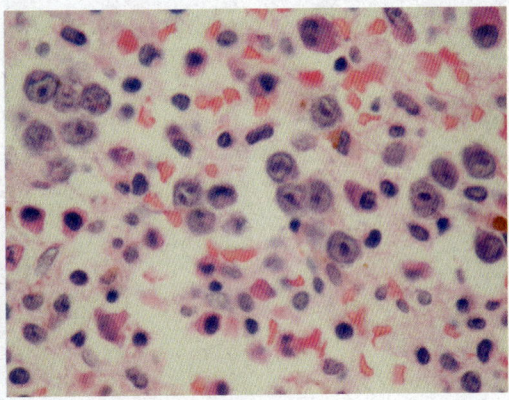

图3.1　骨髓穿刺活检组织，10mm×1mm×1mm，在Fast-Cal脱钙机（澳大利亚，NSW，Riverstone，Fronine公司）中50℃辐射17分钟。可见组织完全脱矿，细胞形态学特征保存良好，尤其是骨小梁旁聚集的异型细胞，可见大的泡状核和明显的嗜酸性核仁。

大片骨组织可在相同温度下5%硝酸中进行脱矿（图3.2），但所需时间稍长。在脱钙液中使用电磁搅拌器可加快大标本的脱矿过程。脱钙液应每24小时更换1次。辐射需持续至达到预期的软化效果。在检查软化程度后，如未达到预期效果可以再重复脱矿程序。最好避免高温，以免引起组织形态的破坏。

微波加速的商业耦合剂脱矿可以良好地保存细胞抗原，大量具有诊断意义的蛋白质通过抗原修复和标准的免疫组织染色过程即可得以显示（图3.3）。

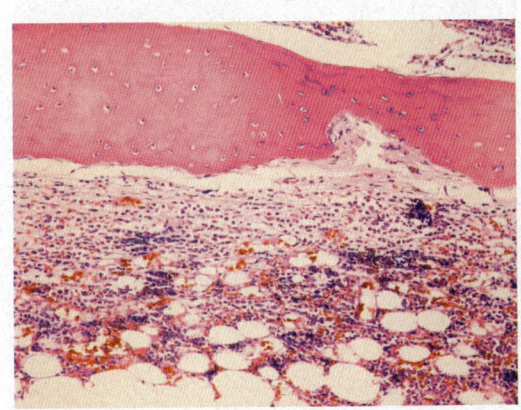 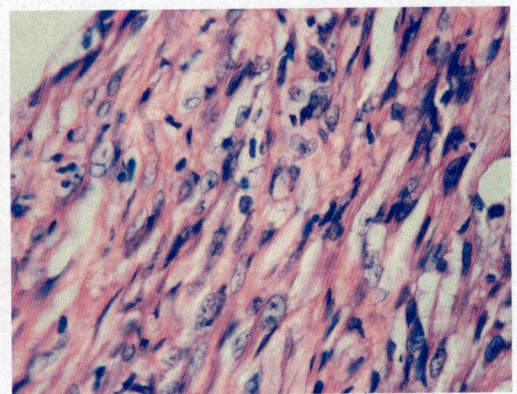

图3.2　剖开的一半肋骨，体积10mm×8mm×4mm，置于5% HNO_3 中微波辐射50℃脱钙18小时。可见组织脱矿完全，组织学特征保存良好。转移性梭形细胞肿瘤细胞形态保存良好（右图）。

微波技术

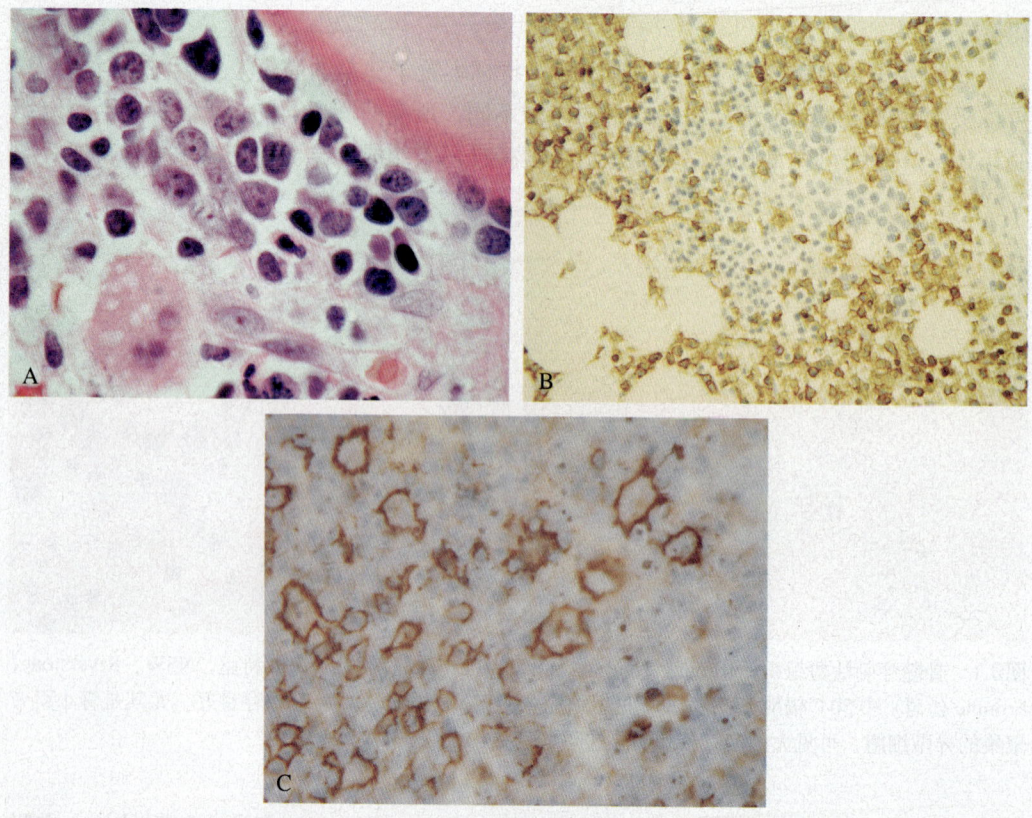

图3.3 骨髓穿刺活检组织经文中所述的微波辐射联合商业耦合剂脱矿处理。骨小梁旁的大细胞间变性T细胞淋巴瘤病灶（A），周边淋巴细胞显示CD20阳性（B），肿瘤细胞显示CD3阳性（C）。

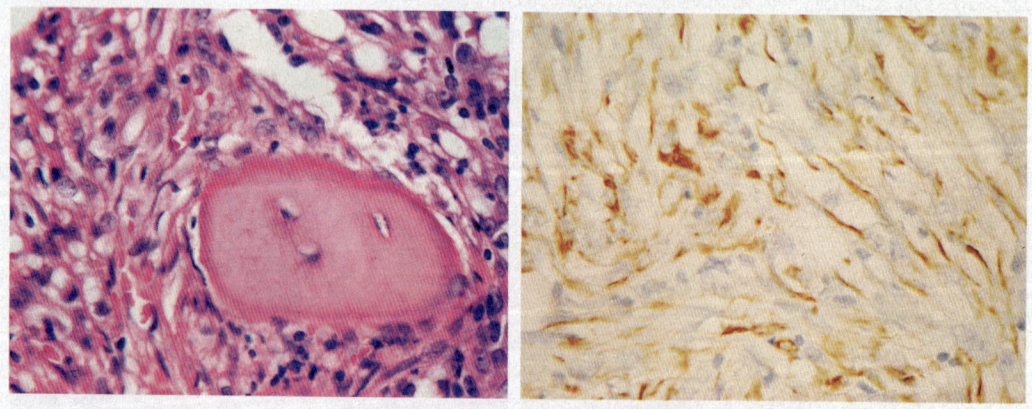

图3.4 肺癌左侧第4肋转移，在5% HNO_3 微波加速脱矿后形态学及细胞抗原保存良好。右图为低分子量角蛋白Cam 5.2染色。

同样，微波加速弱酸脱矿后，免疫组化标记良好（图3.4）。

微波加快大块骨组织的脱矿已被广泛使用（Ng and Ng，1992；Roncaroli et al.，1991），尤其是在颞骨检查中，其作用更为突出。人颞骨的常规脱矿法需4～7个月。应用经中耳外淋巴腔灌注福尔马林进行内耳固定，微波辐射EDTA脱矿法仅需3～6周，不仅没有明显的人工假象，而且还可以保存蛋白质以利于免疫组织化学研究（Cunningham et al.，2001）。在进行内耳结构研究时，传统颞骨脱矿法导致免疫标记的范围缩小，而冰冻切片又会不可避免地破坏组织形态，微波加速脱矿法则克服了这些缺点（Arnold，1988）。当使用微波加快EDTA中的骨组织的脱矿过程时，组织标本如颞骨两天内即可完成脱矿过程，而不使用微波时则需几个月的时间。更为重要的是，比较微波加速法和常规处理方法所得到的耳蜗超微结构形态，可见前者与后者相同甚至优于后者（Madden and Henson，1997）。Keithley等也报道成功地运用了相似的技术（Keithley et al.，2000）。微波脱矿的小鼠颅骨组织显示成骨细胞中原胶原蛋白mRNA的杂交信号呈强阳性，而常规方法则导致信号丢失（Kaneko et al.，1999）。Mizuhira和Hasegawa（1996）联合使用0.1%鞣酸和微波可以良好地保存可溶性肽和蛋白质，而联合应用鞣酸和醛类有利于酶的超微结构定位和灭活酶的活性。

微波还可用于牙齿脱矿（Boon and Kok，1988；Vongsavan et al.，1990），并可用于整体大组织如斑马鱼的切片。后者还可成功进行DNA PCR扩增（Moore et al.，2002）。重要的是，微波加速脱矿法使我们得以对头颈部肿瘤切除标本的骨切缘情况进行组织病理学检查。手术切缘的组织学检查可在2～3小时内完成，即在这一部位恶性肿瘤切除和重建术所要求的时限内完成。而耗时7天的常规脱矿法则完全不可能达到这一要求（Weisberger et al.，2001）。

要点

- 微波能加速传统脱矿剂的脱矿速度。
- 组织化学和免疫组织化学检测成分保存良好。

（石雪迎　李方　译）

第四章

冰冻切片

微波技术

冰冻切片可以应用于光镜和电镜的形态学检查以及免疫学标记检查。与石蜡包埋切片在切片和染色之前需要进行固定、组织脱水、石蜡包埋等处理相比，光镜冰冻切片具有制备快速的优点。后者仅需在新鲜组织上覆盖水溶性包埋介质如Tissue Tek II OCT（美国，Illinois，Naperville，Miles实验室）后使用液氮、异戊烷或者干冰使新鲜组织硬化和固化，以便在切片机上进行切片。在染色进行形态学检查前，将切片用100%乙醇、甲醛蒸气或10%福尔马林溶液固定（后者最常用）。

制备一张染色冰冻切片的全过程耗时不超过7~10分钟，所以冰冻切片检查可以在病人仍然处于麻醉状态时，指导外科医生决定手术切除范围。冰冻切片过程最多允许一个或两个组织块的快速检查，且由于这种技术固有的局限性，冰冻切片的形态保存常常欠佳，达不到石蜡包埋切片的效果。然而，在缺乏更快速的显微切片制片技术的情况下，冰冻切片检查仍将在特定情况下继续被广泛使用。在冰冻切片的制备过程中应用微波极大地改进了细胞形态保存质量，而制备时间仅仅增加了几秒钟。Kok等（1987）推荐使用他们的Kryofix专利溶液（美国，PA，Fort Washington，EM Science），即由乙醇和聚乙烯二醇组成的混合液。处理程序如下：

1. 室温下将冰冻切片贴在载玻片上。
2. 滴加Kryofix溶液覆盖切片表面。
3. 将组织切片放置于微波炉转盘中央的聚乙烯泡沫块上。
4. 经450W（80%功率）辐射20秒。然后干燥玻片。
5. 染色。

我们用Wolman溶液（95份无水乙醇加5份冰醋酸）代替了Kryofix溶液（Leong，1996a）。将冰冻切片浸在盛有Wolman溶液的染色缸内，放置在650W家用微波炉中"高"档辐射15秒。然后取出切片进行染色。使用Wolman溶液微波暴露取代常规固定，其过程并不比常规冰冻切片制备速度慢（Kennedy and Foulis，1989）。与使用福尔马林和乙醇固定的常规方法比较，微波制备的切片形态保存得更好（Therkildsen and Pilgaard，1990；Reed et al.，1991）（图4.1，4.2，4.3）。

微波辐射冰冻切片对于免疫学标记尤为有利。我们的实验证实320W（650W家用微波炉的解冻档）微波辐射15秒即可使冰冻切片牢固地黏附于载玻片上而且细胞表面的抗原不会丢失，而无需长时间冷冻干燥或4℃干燥（Leong and Milios，1986）。这一过程可以与前文提到的微波加速一抗孵育过程联合使用（Leong and Milios，1986）。即将冰冻切片置于经去垢剂清洗并涂有胶粘剂的载玻片上，八张一组水平放射状排列于家用微波炉转盘的中央，350W微波（解冻档）辐射15秒。温差电极探针测量显示组织温度为22℃（范围为21℃~23℃）。将切片置于4℃丙酮中后固定5分钟，pH 7.4的磷酸盐缓冲液（PBS）冲洗后，再进行免疫标记。冰冻切片经微波短暂暴露即可充分稳定/固定细胞，使其能耐受随后严格的免疫标记过程。与丙酮4℃固定的常规技术相比，微波固定的切片细胞核内容物保存良好，而丙酮固定的切片内容物流失（图4.4）。

第四章　冰冻切片

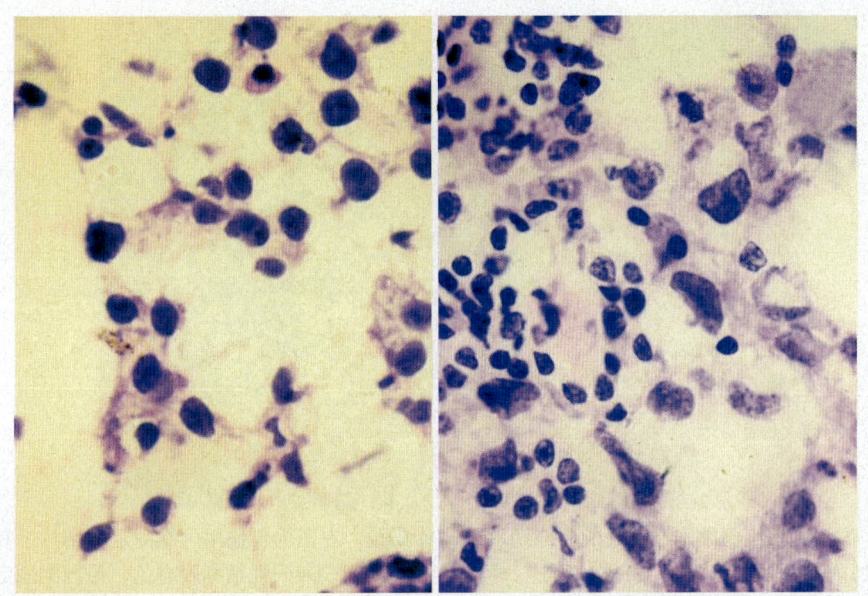

图4.1　睾丸精原细胞瘤冰冻切片。左图使用常规方法无水乙醇固定后染色，右图为Wolman溶液微波固定。左图组织收缩明显，可见明显的核固缩，而右图则很容易区分淋巴细胞和精原细胞，并清晰可见肿瘤细胞核中央的嗜酸性核仁。

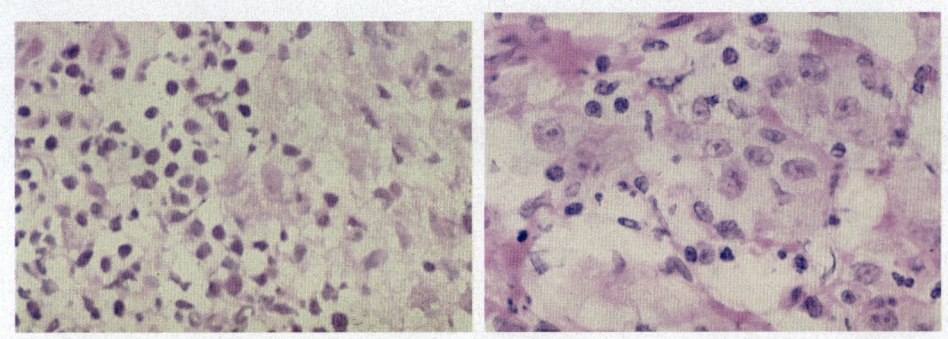

图4.2　淋巴结转移性恶性黑色素瘤的冰冻切片。左为福尔马林固定，右为微波Wolman液固定。可见细胞形态保存效果显著不同。常规方法制备的切片细胞皱缩，核染色质暗淡污秽（左图），经微波Wolman液固定的切片（右图）可见核仁清晰，核膜清楚。

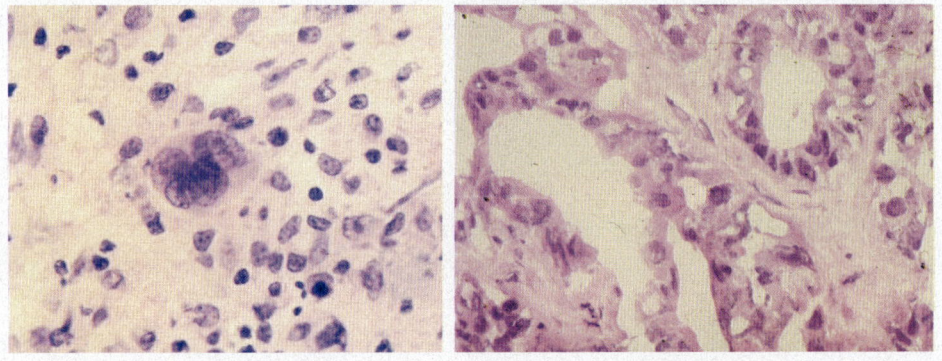

图4.3　微波Wolman液固定的冰冻切片，左图为显示脾霍奇金淋巴瘤的多核R-S细胞，右图为肝内胆管癌。可见两图中细胞形态保存良好。

微波技术

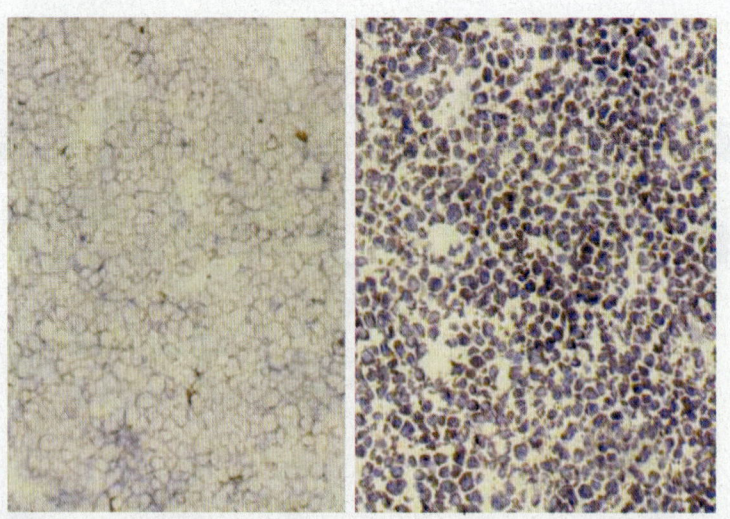

图 4.4 淋巴结淋巴母细胞淋巴瘤的冰冻切片，CD4 染色。左图为仅使用丙酮固定的切片，右图为微波固定加丙酮后固定的切片，如文中所述。两张切片均可见CD4阳性细胞膜着色，但丙酮固定的切片在经历了严格的免疫染色步骤后胞核内容物流失。

要点

- 冰冻切片在 Wolman 溶液中经微波辐射可以提高细胞形态保存效果。
- 微波固定的冰冻切片经免疫学标记处理后，其形态保存良好。

（石雪迎　李方　译）

第五章

组织化学和免疫组织学染色

光镜中的微波应用	46
塑料切片的微波加速氨化硝酸银网织染色法（Leong and Pulbrook，1989）	47
新微波加速黑色素细胞病变染色法（Leong and Gillham，1989）	48
电镜中的微波应用	51
免疫组织学染色	51
说明	53

微波技术

光镜中的微波应用

微波加速的组织切片染色技术已被广泛应用，几乎所有的染色步骤均可通过微波辐射加快。Brinn（1983）首次在染色过程中使用微波。他在过碘酸氧化步骤使用微波将六胺银染色时间缩短为原来的1/9，即20分钟以内。他用同样的方法加快Masson-Fontana染色过程，以及Perl和Pascual改良Grimelius法的染色过程。所有例子都显示背景色和沉淀少，色彩更加清晰明快。继这一先例后，微波被成功地应用于多种组织化学染色，特别是需要在溶剂中孵育一定时间的组织化学染色。例如，常规的过碘酸Schiff（PAS）染色，需在Schiff溶液孵育20分钟，而切片在Schiff溶液染色缸中650W微波辐射30秒即可完成染色过程。染色时间的缩短使该程序可以应用于冰冻切片的诊断，而不过度延迟诊断时间（图5.1）。关于微波加速的诊断组织化学染色细节，读者可以参见Boon和Kok编著的《病理学微波烹饪术》（Microwave Cook book of Pathology，1987），该书提供了详细的综述。

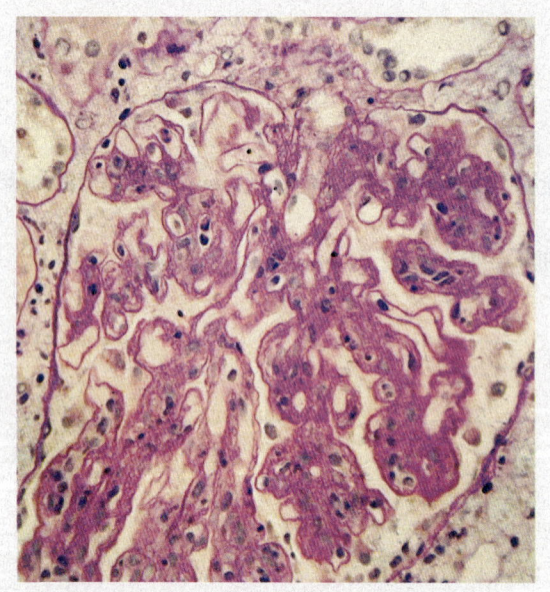

图5.1 肾脏切片，微波加速PAS染色法。将切片置于Schiff溶液中650W微波辐射30秒，其他步骤同常规染色法，14分钟内即可完成整个染色过程。

虽然诊断病理学对组织化学染色的依赖性已经大部分被蛋白和酶的免疫标记技术所取代，但是特殊染色仍然具有重要意义，常被用于实验研究。一些长时间的组织化学染色过程，尤其是浸银染色，可以用微波大大加快其染色过程（图5.2），辐射的另一优点是可以降低背景沉淀和着色（Brinn，1983；Lloyd et al.，1985；Swisher，1987；Churukian and Schenk，1988）。其他优点包括避免了一些染色法如抗酸（抗乙醇）杆菌染色在实验室中使用明火的危险性（Hafiz et al.，1985），并可省去繁琐的脱蜡过程。更为重要的是，这种快速染色对通过组织切片和细胞学涂片诊断微生物感染（如卡氏肺孢子虫和真菌感染）非常重要（Hinds，1988；Loughman，1989）。微波加速的 PAS 染色可在几分钟内完成，使其可以应用于冰冻切片的诊断。

我们发明了一种可在塑料切片上进行的快速网织纤维银染法（Leong and Pulbrook，1989）以及黑色素细胞和黑色素瘤细胞的快速染色新方法（Leong and Gilham，1989），将在下文中详述。

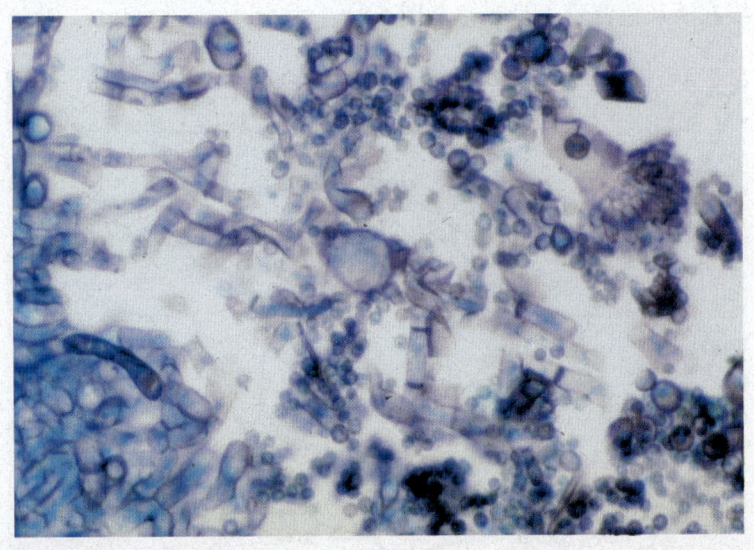

图5.2　曲霉菌感染的肺脏，微波加速Grocott六胺银染色法。清晰可见曲霉菌的菌丝和孢子，无背景着色。

塑料切片的微波加速氨化硝酸银网织染色法（Leong and Pulbrook，1989）

1. 将组织片捞在白蛋白涂抹过的载玻片上，100W 加热 90 秒。冷却至室温。
2. 切片浸入盛有 50ml 1% 过碘酸的染色缸中并加盖，微波 1000W 辐射 30 秒。
3. 蒸馏水冲洗数遍。
4. 切片浸入盛有 50ml 2% 硝酸银溶液的染色缸中并加盖，微波 1000W 辐射 45 秒。
5. 蒸馏水冲洗数遍。
6. 氨化硝酸银染色（将 20ml 10% 氢氧化钠加入 20ml 5% 硝酸银溶液中；然后滴加高浓度氨水直到清亮溶液中出现少许颗粒，最后加入 30ml 蒸馏水配制成约 50ml 的银溶液）。
7. 蒸馏水冲洗两遍。
8. 在 20% 磷酸缓冲福尔马林液中还原 3 分钟。

9．蒸馏水冲洗。
10．氯化金溶液浸泡约 5 分钟。
11．蒸馏水冲洗。
12．2% 硫代硫酸钠漂白 3 分钟。
13．蒸馏水冲洗。
14．在 1000W 微波炉中干燥 60 秒。
15．二甲苯透明封片。

网织纤维在淡灰色背景下呈黑色（图 5.3）。

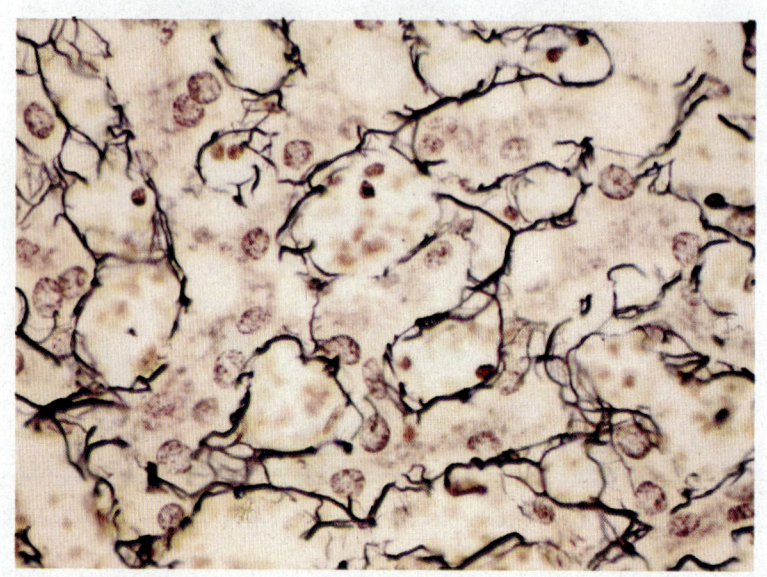

图5.3　脾塑料切片，微波加速氨化硝酸银染色。可见网织纤维染色清晰，无背景着色，明显优于Gridley长时间染色法。

新微波加速黑色素细胞病变染色法（Leong and Gillham，1989）

黑色素和黑色素生成细胞的检测可以通过还原法如Schmorl和Masson-Fontana银染色法，或者在冰冻切片中检测DOPA-氧化酶。广泛使用的Masson-Fontana染色过程需要在22℃的氨化硝酸银溶液中染色16～18小时（Stevens，1977），如果将氨化硝酸银溶液的温度升至37℃，该过程可以缩减到45分钟；但高温可导致银沉淀和背景着色(Leong，1996a)。我们设计了快速微波硝酸银明胶一步染色新方法，可以在60秒内完成染色（Leong and Gillham，1989）。除了简便和快速的优点外，该方法还可以通过胶体覆盖防止氨化银干燥以避免氨化硝酸银溶液的危险性，后者干燥后可发生碰撞爆炸。

硝酸银明胶溶液：

将 50% 硝酸银水溶液（25g 纯硝酸银结晶溶于 50ml 蒸馏水中）与明胶溶液（2g 明胶溶于含有 1ml 甲酸的 100ml 蒸馏水中）以 2∶1 的体积比混合。搅拌至完全溶解。

1．将切片呈放射状排列于微波炉转盘的中央，同时放置含 500ml 水的烧杯。
2．用硝酸银明胶溶液覆盖每张载玻片（每张载玻片约 300μl）。
3．350W 辐射 45 秒。
4．去离子水冲洗，二甲苯脱水，封片。

无需复染。

黑色素细胞均染为暗棕黑色。与 Masson-Fontana 染色法相比较，使用该方法所得到的切片中，黑色素瘤细胞、痣细胞和上皮黑色素细胞的染色更强烈更广泛。而且无背景染色，网织纤维、色素、微生物和神经内分泌细胞均不着色（Leong and Gillham，1989）（图 5.4，5.5 和 5.6）。

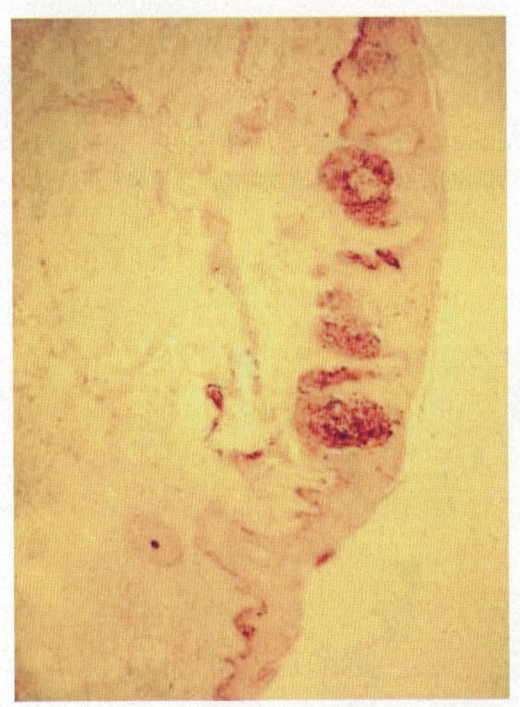 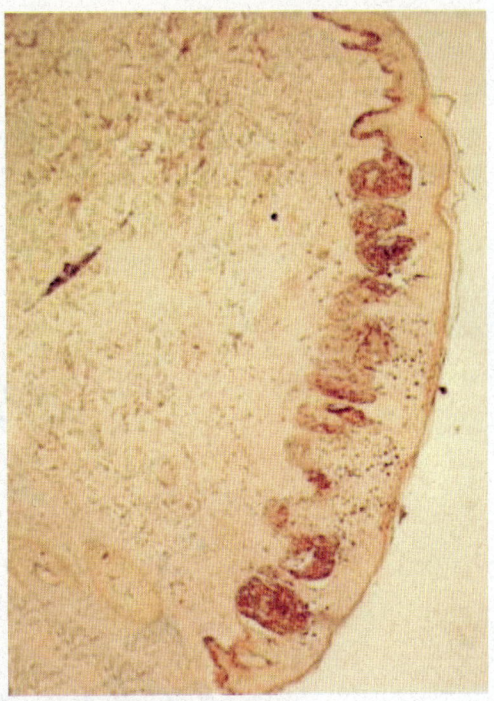

图 5.4　Spitz 痣连续切片，左为 Masson-Fontana 染色，右为微波快速硝酸银明胶染色。可见后者痣细胞染色更强烈更广泛。

微波技术

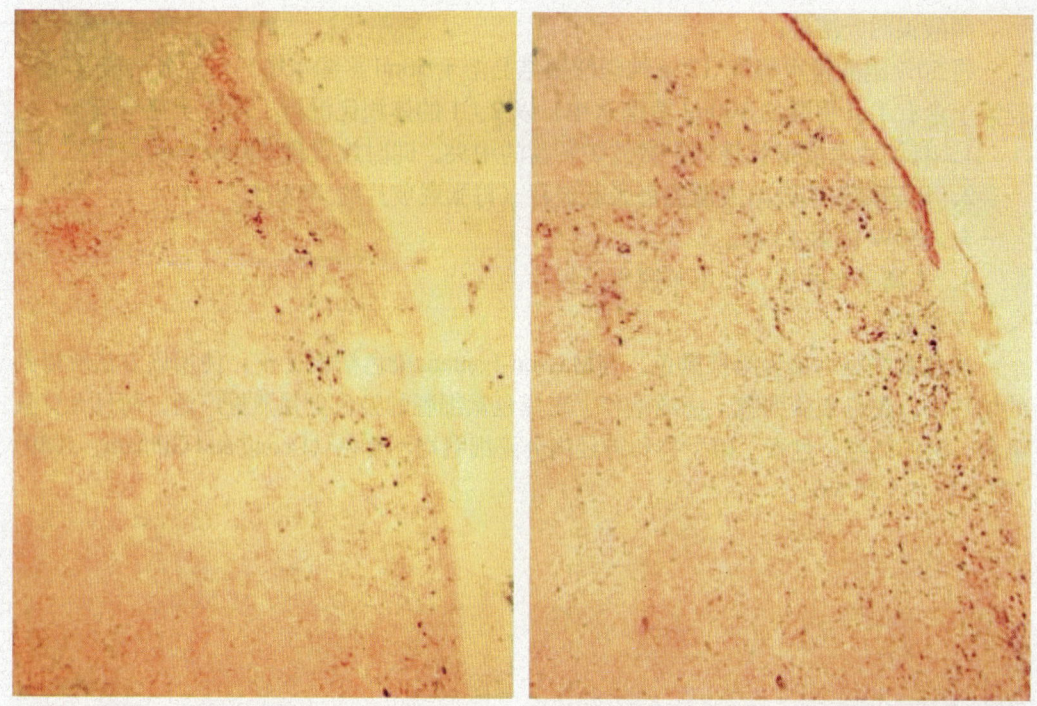

图 5.5 皮肤黑色素瘤连续切片,与标准 Masson-Fontana 染色法所制切片(左图)比较,微波快速硝酸银明胶染色所制切片(右图)中黑色素瘤细胞、痣细胞和上皮内黑色素细胞的染色更强烈更广泛。

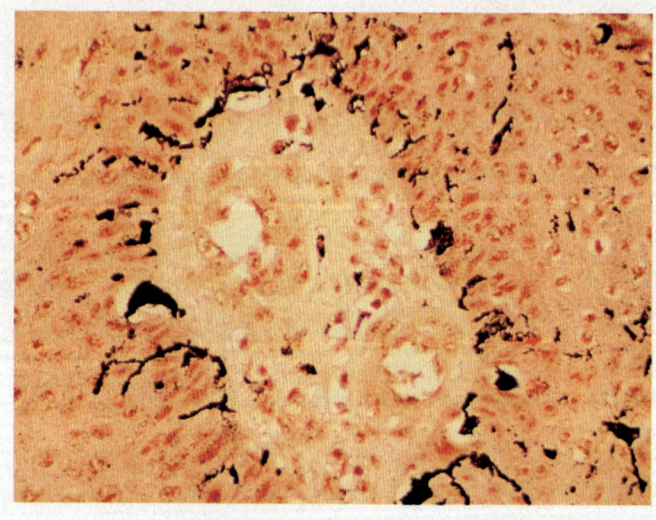

图 5.6 黑人患者的肛门尖锐湿疣,微波快速硝酸银明胶染色。可见黑色素细胞的长树状突起。这种一步染色法耗时在 60 秒之内,且无背景着色。

电镜中的微波应用

微波可以加速透射电镜的超薄切片染色过程。将铜网置于醋酸铀中，400W辐射15秒，然后在枸橼酸铅溶液中辐射15秒（染色剂体积为3～4ml，辐射时间需要根据染色剂的体积进行调整），即完成了整个染色过程。染色效果优于常规染色过程，即醋酸铀染色30分钟，枸橼酸铅染色10分钟（Estrada et al., 1985）。微波加速染色法的优点为染色剂定位好，背景染色低（图5.7）。

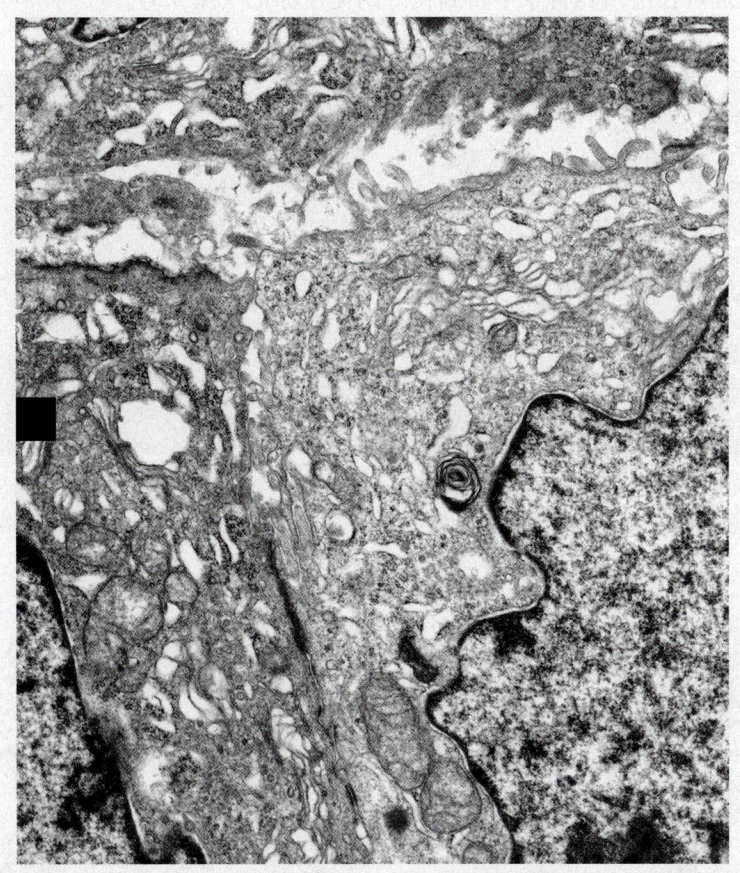

图5.7 肺腺癌，微波加速染色法（Estrada et al., 1985）。注意与常规染色法比较，可见反差大、定位准确且无背景着色。

免疫组织学染色

微波的加速作用也同样可以应用于免疫组织化学。在冰冻切片中，应用微波不仅可以得到优于常规冷丙酮固定法的组织固定和形态保存（Leong and Milios, 1986），而且还可促进脆弱的淋巴细胞膜抗原染色过程中的抗原-抗体反应（Leong and Milios,

微波技术

1986)。一抗孵育常规需要数小时或过夜,而350W辐射覆盖一抗的组织切片可将孵育时间缩短到几秒钟。此快速法得到的免疫染色强烈且形态保存良好。

我们通过辐射每步孵育过程而将微波应用扩展到整个免疫染色过程。标准链霉亲和素(Strepavidin)-生物素过氧化物酶染色法(SAB)经辐射不到20分钟即可完成一抗、二抗、三抗的孵育过程,染色效果至少不次于长时间常规染色法(Leong and Milios, 1990)(图5.8)。

微波同样可以极大地加速塑料切片的免疫金标染色过程(Wannakrairot and Leong, 1989)。该处理可在清晰的背景下得到良好的免疫标记(图5.9)。

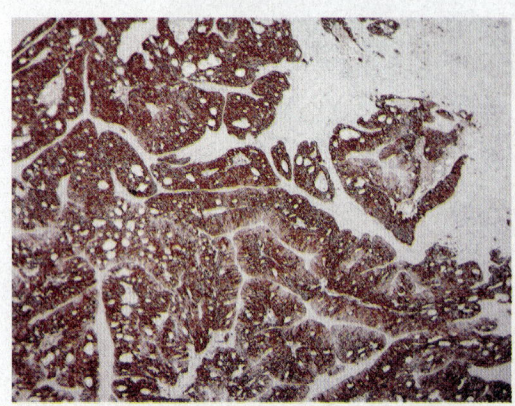
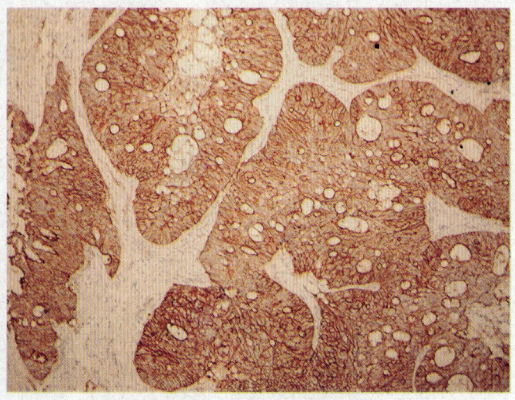

图5.8 直肠腺癌,左图为低分子量角蛋白染色,右图为CK20染色,均使用微波加速SAB法,耗时小于20分钟。免疫标记前经微波抗原修复和胰蛋白酶消化。可见抗原标记染色强烈,弥漫且定位准确。

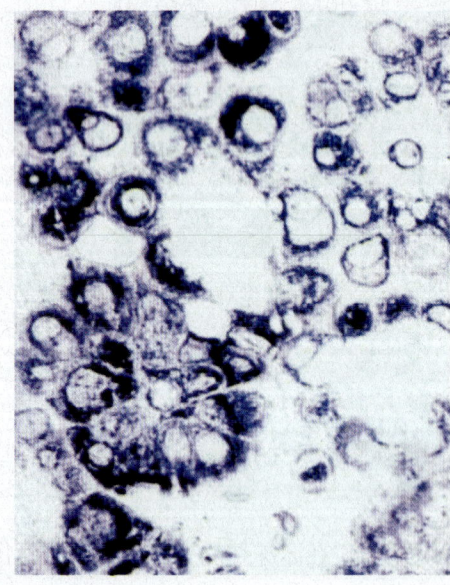
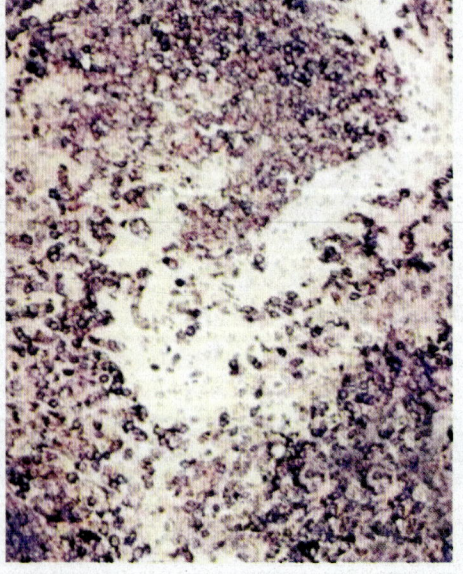

图5.9 间皮瘤(左)和恶性淋巴瘤(右)的塑料包埋切片,微波加速SAB法染色,分别为Cam5.2和CD45。可见免疫金-银法标记染色清晰强烈,且无背景着色。

微波同样可以应用于免疫荧光技术（Chiu and Chin，1987），相似的技术同样适用于新鲜脑组织的冰冻切片，可显著提高免疫染色效果且细胞形态保存完好。

微波还应用于多重三步法免疫酶标过程（鼠单抗，羊抗鼠 IgG 和鼠 PAP 或鼠 APAAP）以及多抗原检测的显色技术（Lan et al.，1995）。微波使已结合的抗体分子变性，进而防止其与后续的染色步骤发生交叉反应，从而可以对同一切片进行多种抗体的检测。除了抗原修复的作用，微波还可灭活 PAP 和 APAAP 复合物中的过氧化物和碱性磷酸酶，防止出现假阳性染色（Lan et al.，1995）。

说明

微波快速染色法至少可以两种方式进行。将组织切片浸没于试剂或染色缸中，使用温度探针精确控制辐射温度（Schaffner，1986）或者使用计算机控制的仪器如 Milestone Mega T/T。在微波快速染色法中温度控制非常重要，因为每个步骤的最适温度不同。例如 Romanowsky-Giemsa 染色的最适温度为 55℃（Boon et al.，1987；Horobin and Boon，1988），微波加速的阿辛蓝染色法的最适温度也是 55℃。黏液卡红染色法的最适温度为 60℃，Grimelius 银染法为 75℃。Grocott，Jones 和 Masson-Fontana 法的最适温度为 85℃（Boon and Kok，1988）。然而，其他一些染色法如油红 O 染色法，温度控制并不重要，甚至煮沸染色剂时也并无不利影响。

微波可以应用到显示整块脑组织或脑切片的树突和轴突的 Rio-Hortega 染色法中。先将脑切片固定于 50ml Rio-Hortega 液中，80W 辐射 5 小时至 60℃。再将切片置于 1.5% 硝酸银水溶液中浸泡 15~18 小时（过夜）。然后将脑切片浸入新鲜配制的 1.5% 硝酸银水溶液中，150W 微波辐射至 60℃持续 2 小时。蒸馏水冲洗后，在冰冻切片机中将其切割成 100~120μm 厚的切片，最后经乙醇、亚甲基苯甲酸酯和甲苯脱水封片。此方法快速，效果良好而且不会形成硬壳（Marani et al.，1987）。

除了进行精确的温度控制，物理搅拌或者通气搅拌溶液可使染色剂中的温度更为均匀一致，这对于需使用微波炉高功率档的浸泡过程和组织化学染色的还原过程尤为重要（Churukian and Schlenk，1988）。

微波快速组织化学染色的另一个方法是对染色剂覆盖的组织切片进行辐射。对于此方法，精确控制温度是不可能的，所以仅适用于对温度要求不高以及不受过高温度影响的染色法。该方法还可适用于单张切片的染色。某些染色可在辐射停止后将组织切片置于热染色剂中浸泡一段时间，能够提高染色效果。

要点

● 微波可加快大多数用于光镜和电镜的组织化学染色法且无背景着色。

（石雪迎　陈阿静　译）

第六章

抗原修复

引言 …………………………………………………	**56**
微波抗原修复 …………………………………………	60
细胞学标本的抗原修复 ………………………………	68
细胞学标本的免疫标记步骤 …………………………	71
电镜标本的抗原修复 …………………………………	72
福尔马林固定和抗原修复的可能机制 ………………	75

微波技术

引言

免疫组织化学，更确切地说是免疫组织学，现在已经成为显微诊断中不可缺少的辅助手段，因此，在组织固定和处理时应重点考虑如何尽可能保存石蜡包埋组织中的抗原。许多抗原能经受甲醛固定和常规组织处理，但许多淋巴细胞膜抗原和其他类型细胞中较脆弱的抗原会丢失。随着接触甲醛时间的延长，所有细胞抗原均会毫无例外地逐渐丢失，有些抗原甚至会完全丢失。这将影响对那些形态分化较差的肿瘤的准确识别，进而影响临床处理和预后判断（Leong，2001）。

我们的研究证实，甲醛固定6小时至30天，25种组织病理学常用抗原中的大多数明显呈进行性丢失（Leong and Gilham，1989）。甲醛固定3天，一些抗原的染色强度明显减弱，7天后许多抗原丢失。特别是中间丝蛋白，如波形蛋白（vimentin）、结蛋白（desmin）、神经丝（neurofilament）在甲醛中固定1天就已无法被单克隆抗体标记。除了白细胞共同抗原（CD45），其他淋巴细胞标记如LN1（CDw75）、LN2（CD74）、LN3（未归类）和UCHL1（CD45RO）通常固定3天后就丢失了。但也有些抗原在甲醛固定14天后仍保持弱阳性，如S-100、前列腺特异抗原（PSA）、甲状腺球蛋白和癌胚抗原（CEA）（表6-1和图6-1）。蛋白消化处理能增强细胞角蛋白、神经丝、结蛋白和第Ⅷ因子相关蛋白的着色也已得到证实。然而，某些抗原如S-100，蛋白质水解消化并不能一贯地增强免疫标记，反而常常使背景着色增强。

表 6.1 甲醛（10% 的福尔马林缓冲液）暴露持续时间与抗原保存情况

抗体	稀释度	固定时间					
		6h	1d	3d	7d	14d	30d
S-100	1:4000	3(3)	3(2)	3(1)	3(0)	2(0)	2(0)
PSA	1:4000	3(3)	3(3)	3(3)	3(2)	2(1)	1(0)
Thyroglobulin	1:4000	3(3)	3(3)	3(3)	3(2)	1(2)	0(1)
PSAP	1:20000	3(2)	3(3)	3(3)	2(2)	1(1)	0(0)
α-ACT	1:4000	3(2)	3(2)	3(1)	3(0)	0(0)	0(0)
Lysozyme	1:4000	3(2)	3(2)	2(1)	1(0)	0(0)	0(0)
NSE	1:1000	3(2)	3(2)	3(1)	2(1)	0(0)	0(0)
LCA	1:50	3(2)	3(2)	3(2)	2(0)	1(0)	0(0)
Chromogranin	1:2000	3(2)	3(2)	2(1)	1(0)	0(0)	0(0)
α-AAT	1:4000	3(1)	2(1)	2(1)	0(0)	0(0)	0(0)
UCH1	1:200	3(1)	2(1)	1(0)	0(0)	0(0)	0(0)
Lactalbumin	1:4000	3(1)	3(1)	3(1)	2(0)	0(0)	0(0)
Keratin(bovine)	1:4000	2(3)	2(3)	1(3)	1(2)	0(1)	0(0)
Keratin(callus)	1:2000	2(3)	2(3)	1(3)	1(2)	0(1)	0(0)
Serotonin	1:50	2(3)	2(3)	2(2)	0(1)	0(0)	0(0)
CEA	1:2000	2(3)	2(3)	2(2)	2(2)	1(0)	1(0)
Cam5.2	1:50	2(3)	1(2)	1(3)	0(2)	0(1)	0(0)
Vimentin	1:300	2(1)	2(1)	0(0)	0(0)	0(0)	0(0)

表 6.1　甲醛（10%的福尔马林缓冲液）暴露持续时间与抗原保存情况（续）

抗体	稀释度	固定时间					
		6h	1d	3d	7d	14d	30d
LN1	1∶5	2(1)	2(1)	1(0)	0(0)	0(0)	0(0)
LN2	1∶5	2(1)	2(1)	1(0)	0(0)	0(0)	0(0)
LN3	1∶5	2(1)	2(1)	1(0)	0(0)	0(0)	0(0)
Factor Ⅷ	1∶2000	1(3)	1(3)	1(2)	0(2)	0(0)	0(0)
Desmin	1∶50	1(3)	1(3)	0(2)	0(0)	0(0)	0(0)
NFP	1∶100	1(3)	0(2)	0(1)	0(0)	0(0)	0(0)
AE1/3	1∶400	1(3)	1(3)	0(3)	0(2)	0(0)	0(0)

注：着色强度：0=不表达，1=弱阳性，2=中等阳性，3=强阳性，括号内数字=蛋白水解消化后的着色强度。

PSA=前列腺特异性抗原；PSAP=前列腺特异性酸性磷酸酶；NSE=神经特异性烯醇化酶；UCHL1=CD45RO；CEA=癌胚抗原（CD66）；LN1=CDw75　LN2=CD74；NFP=神经丝蛋白。

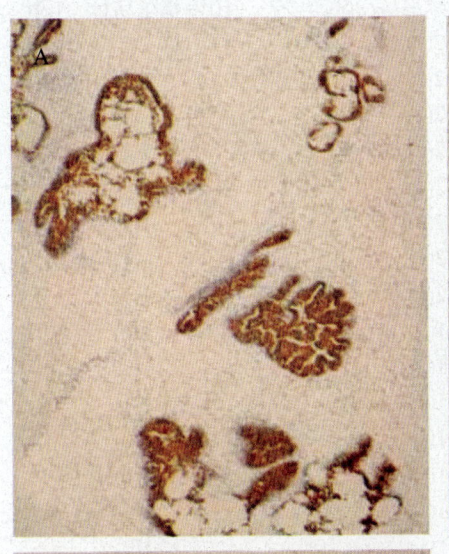

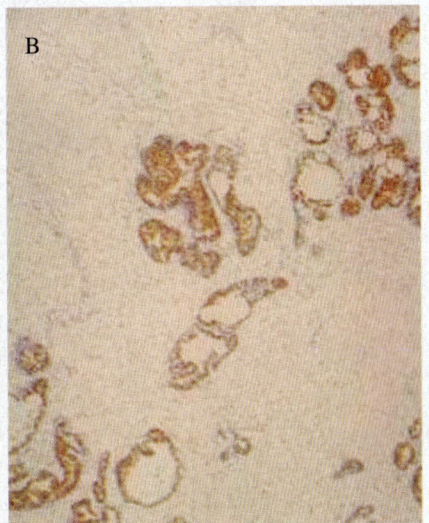

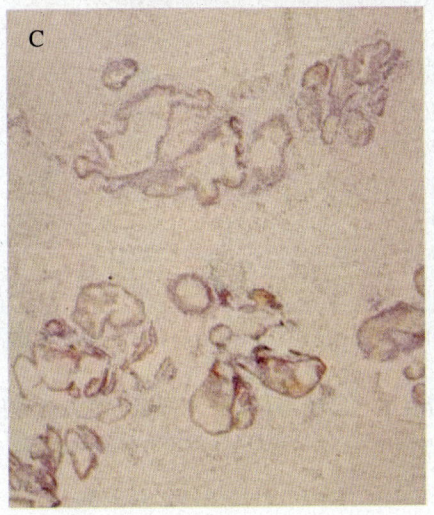

图6.1　前列腺活检组织在10%的福尔马林缓冲液中固定5小时（A）、1天（B）和3天（C）的广谱细胞角蛋白AE1/3表达。随着固定时间延长，着色强度明显降低。固定3天者细胞角蛋白仍存在，其强度和范围与固定时间短者相比明显降低，固定5小时的着色最强。所有切片均采用胰酶消化及SAB标记系统，一抗稀释度相同。

微波技术

组织暴露在福尔马林中时间越短其抗原性保存越好，且特定的抗原需适当的酶消化。我们也发现只要限制10%福尔马林缓冲液固定时间，即可以用常规的SAB法用单克隆抗体H222检测出雌激素受体（Raymond and Leong，1990），而不必采用更复杂和多变的技术如DNA酶消化、胰酶和DNA酶联合消化、链霉蛋白酶消化以及Bouin液中固定，因为上述方法均会影响组织形态。大多数常规实验室当初都无法用刚出现的能识别雌激素受体的福尔马林耐受性抗原决定簇的抗体检测出雌激素受体（Leong and Milios，1993）。

在另一项研究中，我们把微波辐射生理盐水固定组织与常规甲醛固定组织的抗原保存情况作了对比（Leong，Milios and Duncis，1988）。全部23种抗原在微波固定的组织中均保存良好，与甲醛固定16和18小时的组织相比，微波固定组织的着色更强，范围更广（表6.2）。

表6.2 微波固定和福尔马林固定组织的抗原保存情况比较

抗体	固定方法		
	微波-1	10%福尔马林，6h	10%福尔马林，18h
Keratin(bovine)	2(3)	2(2)	2(2)
Keratin(callus)	2(3)	2(2)	2(2)
LCA	3(2)	2(2)	2(1)
α-ACT	3(2)	2(2)	2(1)
NSE	3(1)	2(2)	2(1)
F Ⅷ	3(3)	2(2)	1(1)
ACHL1	3(1)	2(1)	1(1)
CEA	3(1)	2(1)	1(1)
Cam5.2	1(3)	1(2)	1(1)
AE1/3	1(3)	1(2)	1(2)
Desmin	1(3)	1(2)	1(1)
Vimentin	3(1)	1(1)	1(0)
LN1	3(1)	1(1)	1(0)
LN2	3(1)	1(1)	1(1)
LN3	3(1)	1(1)	1(1)
Leu14	3(1)	1(0)	0(0)
Leu1	3(1)	1(0)	0(0)
S-100	2(2)	3(2)	2(1)
PSA	3(2)	3(2)	2(1)
PSAP	3(2)	3(2)	2(1)
Chromogranin	2(2)	3(2)	2(2)
Lactalbumin	3(1)	3(1)	2(1)
Lysozyme	3(1)	3(1)	1(1)

注：着色强度：0=不表达，1=弱阳性，2=中等阳性，3=强阳性，括号内数字=蛋白水解消化后的着色强度。

PSA=前列腺特异性抗原；PSAP=前列腺特异性酸性磷酸酶；NSE=神经特异性烯醇化酶；UCHL1=CD45RO；CEA=癌胚抗原（CD66）；LN1=CDw75 LN2=CD74；NFP=神经丝蛋白。

除个别例外者,微波辐射固定的组织无需蛋白酶消化,并且可以标记 CD22 和 CD15,而这两个抗原在甲醛固定的组织中丢失。微波固定组织的切片细胞形态细节保存完好(图 6.2,6.3 和 6.4)。

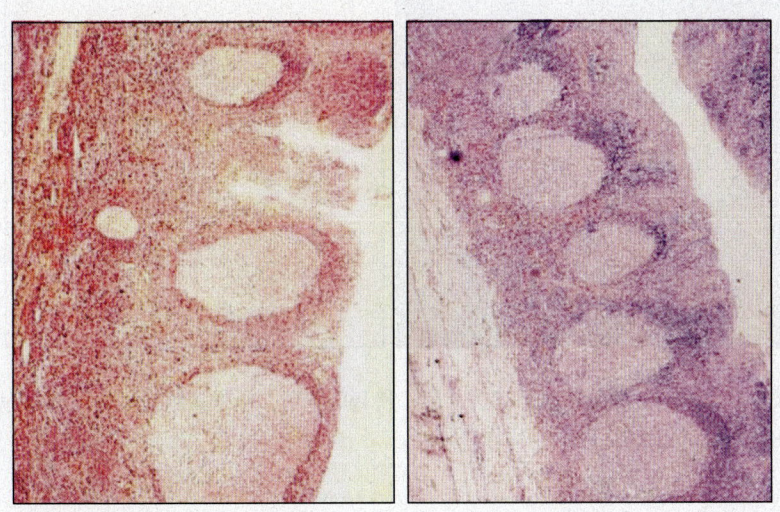

图 6.2 同一扁桃体标本微波固定(左图)与 10% 福尔马林(4% 甲醛)固定(右图)8 小时的切片,波形蛋白免疫标记显示微波固定的切片中间丝着色更强、范围更广。

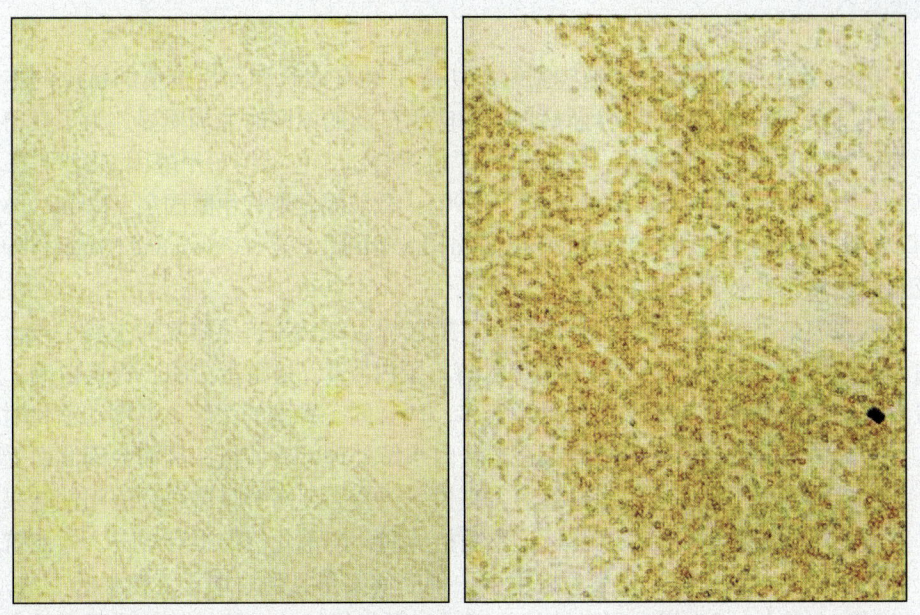

图 6.3 福尔马林固定、石蜡包埋(左图)与微波固定(右图)的扁桃体切片,CD5 免疫标记。福尔马林固定标本 CD5 阴性,微波固定标本 CD5 强阳性。

微波技术

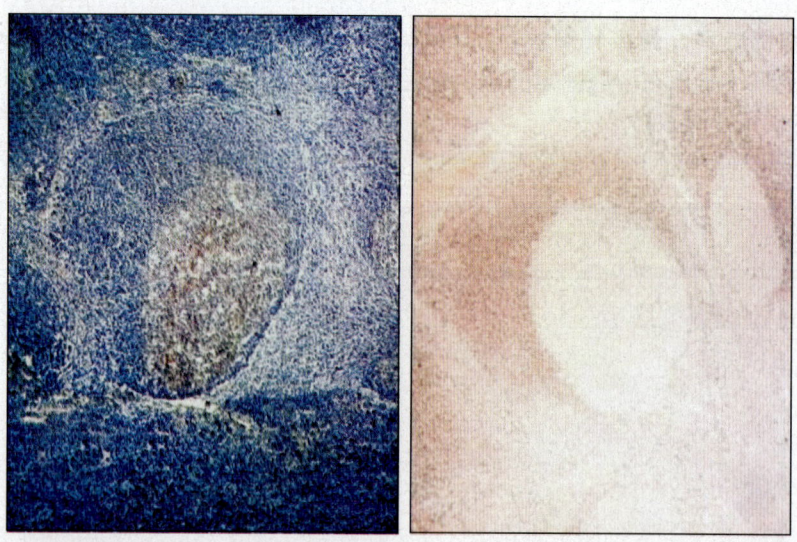

图 6.4 微波固定、石蜡包埋的扁桃体切片，IgM 和 IgD 染色。结果清晰显示生发中心 IgM 阳性（左图），套区 IgD 阳性（右图）。形态结构保存完好。

荧光抗体染色显示，当微波辐射固定组织培养的细胞时，基质中的细胞蛋白全部得以保留，而常规甲醛固定约 40%～50% 的蛋白会丢失（Petterson and Bulard，1980）。

微波抗原修复

化学固定引起的抗原封闭是检测组织切片中具有诊断和预后价值的抗原的主要障碍，这在使用交联固定剂如在诊断病理学中应用广泛的甲醛时尤为明显。为了获得石蜡包埋切片理想的免疫染色效果，人们进行了很多尝试，包括缩短甲醛固定时间（Leong and Gilham，1989；Raymond and Leong，1990）、微波固定取代甲醛固定（Leong，Milios and Duncis，1988）、使用非交联固定剂如 methacarn 固定液（Gown and Vogel，1985）以及蛋白水解消化暴露待测抗原。

引入微波技术之前，蛋白水解消化是石蜡包埋组织切片抗原修复的主要手段。多种蛋白水解酶被用于抗原修复，包括胰蛋白酶、蛋白酶K、链霉蛋白酶、胃蛋白酶、无花果蛋白酶、DNA酶等等。不仅酶的种类繁多，而且同一种酶的浓度、温度和消化时间也千差万别。关键是并非所有的抗原都适于蛋白水解处理，有些抗原反而会因此而受损丢失。不恰当的处理不仅破坏组织导致形态丧失，还会引起高背景着色和假阳性结果。因此，对不同条件制备出的组织切片标记不同抗体时，酶消化标准很难统一。微波抗原修复技术的引入为增强免疫组化染色提供了一种简便实用且通用性重复性强的方法。

Shi 等（1991）最先提出用微波加热石蜡包埋组织切片。他们将切片置于重金属溶液如硫氰酸铅中加热至100℃以暴露多种抗原进行免疫组化染色。有趣的是，我们发现不同的修复溶液均能增强免疫组化染色，只是不同抗原增效程度不同而已。例如，某些情况下用蒸馏水修复和用盐溶液修复的效果相同（图6.5）。

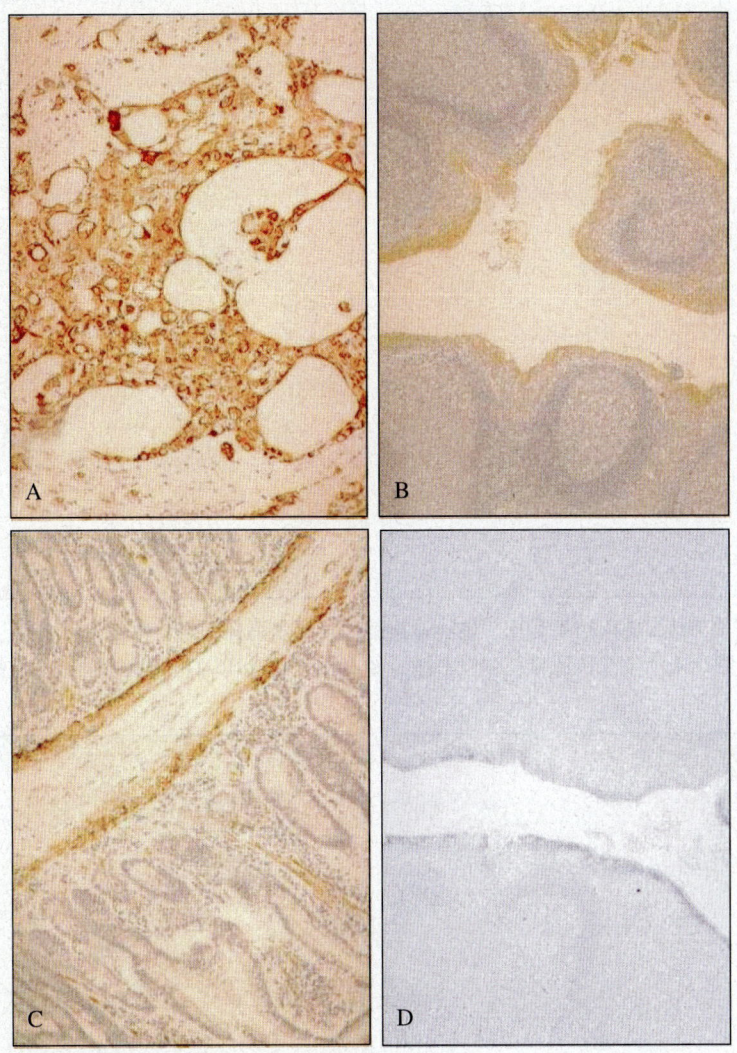

图6.5 不同修复液98℃微波抗原修复得到的免疫组化染色结果。（A）广谱角蛋白（AE1/3）-氯化镍修复液；（B）广谱角蛋白-蒸馏水修复液；（C）结蛋白-硫酸锌修复液；（D）广谱角蛋白（AE1/3）-硫酸锌修复液。经氯化镍修复的抗原细胞角蛋白强阳性，蒸馏水修复者染色弱于前者；硫酸锌修复对细胞角蛋白检测无效，但对结蛋白有效。

我们和其他研究者相继发现，微波辐射 10mmol/L pH6.0 柠檬酸缓冲液中脱蜡水化的组织切片，多种抗原的染色强度及范围几乎无一例外地增强了（Leong and Milios，1993；Gown et al.，1993；Cuevas et al.，1994）。这是微波最重要的用途之一，因为抗原修复能够使固定过的组织切片达到最佳染色效果（Leong，1996b），并且使石蜡包埋切片的免疫标记具有一定的稳定性（图6.6和6.7）。柠檬酸缓冲液取代重金属溶液可以避免重金属因加热产生挥发性有毒气体。也有一些抗原修复试剂商品出售，但是大多数

微波技术

与柠檬酸缓冲液相比并不能获得更好的效果（Leong et al., 1996）。

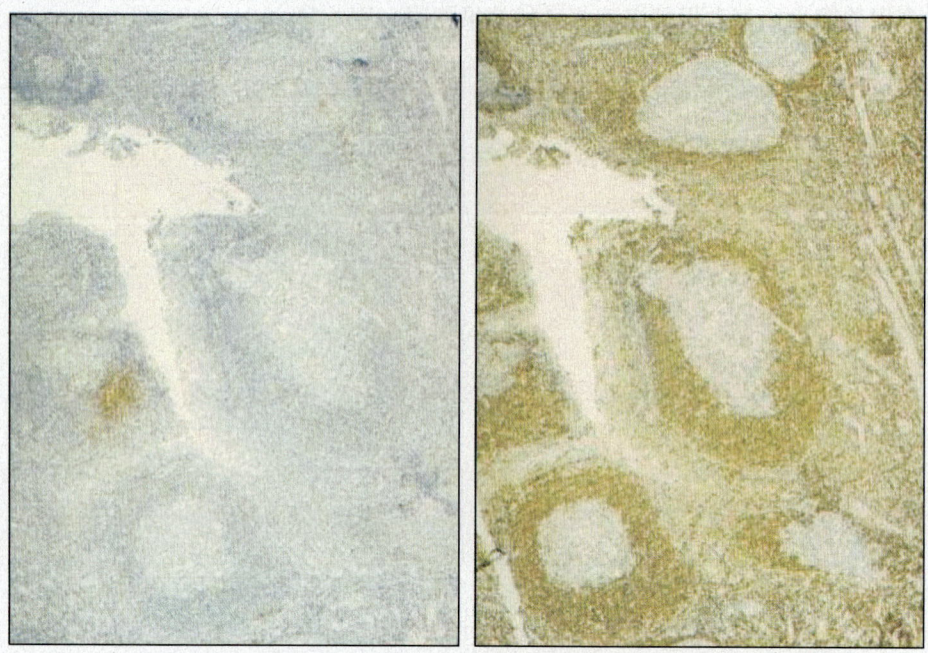

图 6.6 微波修复 Bcl-2 染色结果对比。扁桃体连续切片福尔马林固定、常规 SAB 标记的 Bcl-2 蛋白染色结果。（左图）未经微波抗原修复；（右图）经 10mmol/L pH6.0 柠檬酸缓冲液微波抗原修复。两者差别明显。

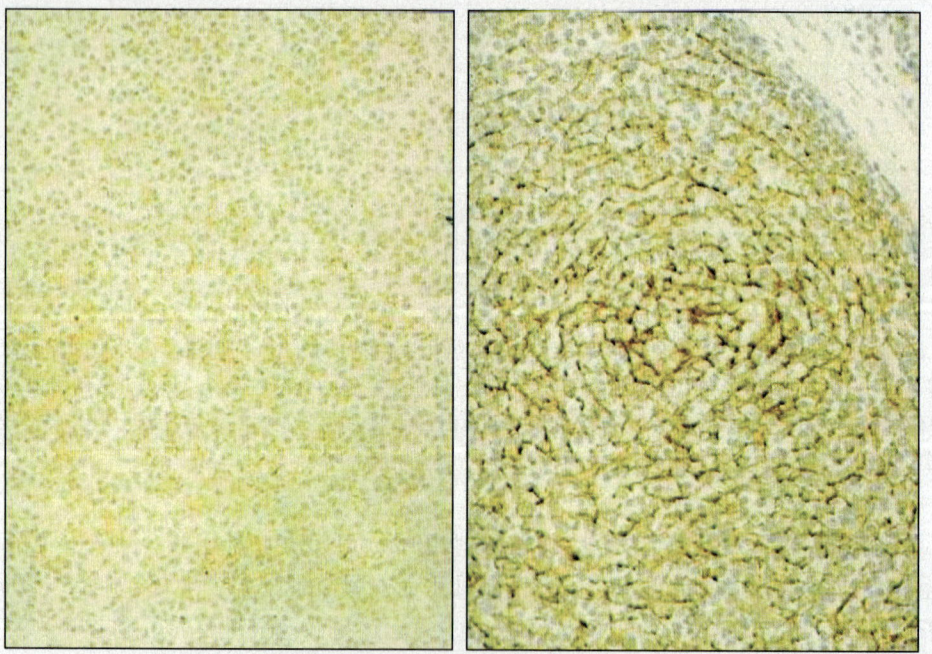

图 6.7 淋巴结切片 CD35 染色。（左图）未经过微波抗原修复；（右图）经 10mmol/L pH6.0 柠檬酸缓冲液微波抗原修复。左图呈阴性，右图中滤泡树突状网状细胞着色清晰。

值得注意的是，微波抗原修复能够提高大多数抗体的染色质量和范围，但有些抗体在蛋白水解和微波修复联合作用下能显示得更好。这些抗体在表6.3中列出。

表6.3　蛋白水解消化和微波抗原修复联合作用下着色增强的抗体

AE1/3	BerH2(CD30)	F Ⅷ	Cam5.2	1F8(CD21)	Co14
MNF116	DRC(CD35)	Lam	Bov Ker	IgGAMKL	NF
Cal Ker	Mac387	Desmin	35BH11	BPL	EBV
34BE12	CD3	CK19	CMV	BerEP4	

根据以上发现，我们实验室建立了摸索新抗体最佳染色条件的标准程序，包括单独微波抗原修复；蛋白酶预消化加微波辐射；微波辐射加蛋白酶后消化。每种新抗体均经上述筛选后确定最佳染色方法。微波抗原修复能提高大多数诊断性抗体的染色效果，对其余的抗体也不存在副作用（Leong and Cooper，2003）。

其他很多产热方法，包括蒸煮、湿热消毒锅、高压锅甚至热蒸汽浴，都被用于抗原修复，但微波仍然是最方便的。有证据显示，多种因素影响上述抗原修复过程，包括试剂的渗透压、pH值、化学成分以及被测抗原本身的特性。研究表明在pH较高（pH 8～9）的溶液中微波辐射切片，抗原的免疫反应通常增强。随着修复液pH值的改变，大多数抗原的反应模式可以归入下列三种之一（Shi et al.，1995）。一些抗原如CD45（白细胞共同抗原）、PCNA（增殖细胞核抗原）、AE1、EMA（上皮细胞膜抗原）和NSE（神经元特异性烯醇化酶）在任何pH值下抗原修复结果都很好；第二类抗原如ER（雌激素受体）和MIB1在极低pH和中高pH修复时染色呈强阳性，而在中等酸度（pH值3～6）条件下染色急剧降低；第三类抗原如CD43和HMB45随着修复液pH值升高染色增强，仅在低pH范围内免疫染色较弱。由此可见，高pH值可使大多数抗原获得最佳修复效果。所以，要摸索一种新抗原的最佳修复pH值，最好从高pH值试起。

Leong和Milios（1986）证实在进行免疫标记之前对冰冻切片微波辐射会使细胞形态和染色效果更好。类似的技术用于新鲜脑组织冰冻切片能显著提高免疫着色且不影响细胞形态的完整性（DeHart et al.，1996）。微波已被用于多种抗原的三重免疫酶标染色步骤（鼠抗Mab，羊抗鼠IgG和鼠PAP或鼠APAAP）以及显色技术中（Lan et al.，1995）。微波变性可阻断已结合的抗体分子与后续染色步骤之间发生交叉反应，这样就可以在同一标本上标记多种抗体。微波除了有抗原修复作用外，还可以灭活PAP和APAAP复合物中的过氧化物酶和碱性磷酸酶，以避免不当染色。

影响固定组织切片中抗原着色的两个主要因素是修复的时间和温度。许多仪器和设备可用来产生抗原修复所需的热力或动力，但由于不能精确地测量或控制升温和降温时间，他们都不能够精确地控制反应时间和温度。Milestone公司的MegaT/T微波处理仪可用计算机精确控制上述关键因素来提高抗原着色。我们已经证实，用Milestone MegaT/T微波处理仪120℃抗原修复5分钟，许多抗原标记着色都会增强（Loeng et al.，2002a）（图6.8，6.9和6.10）。

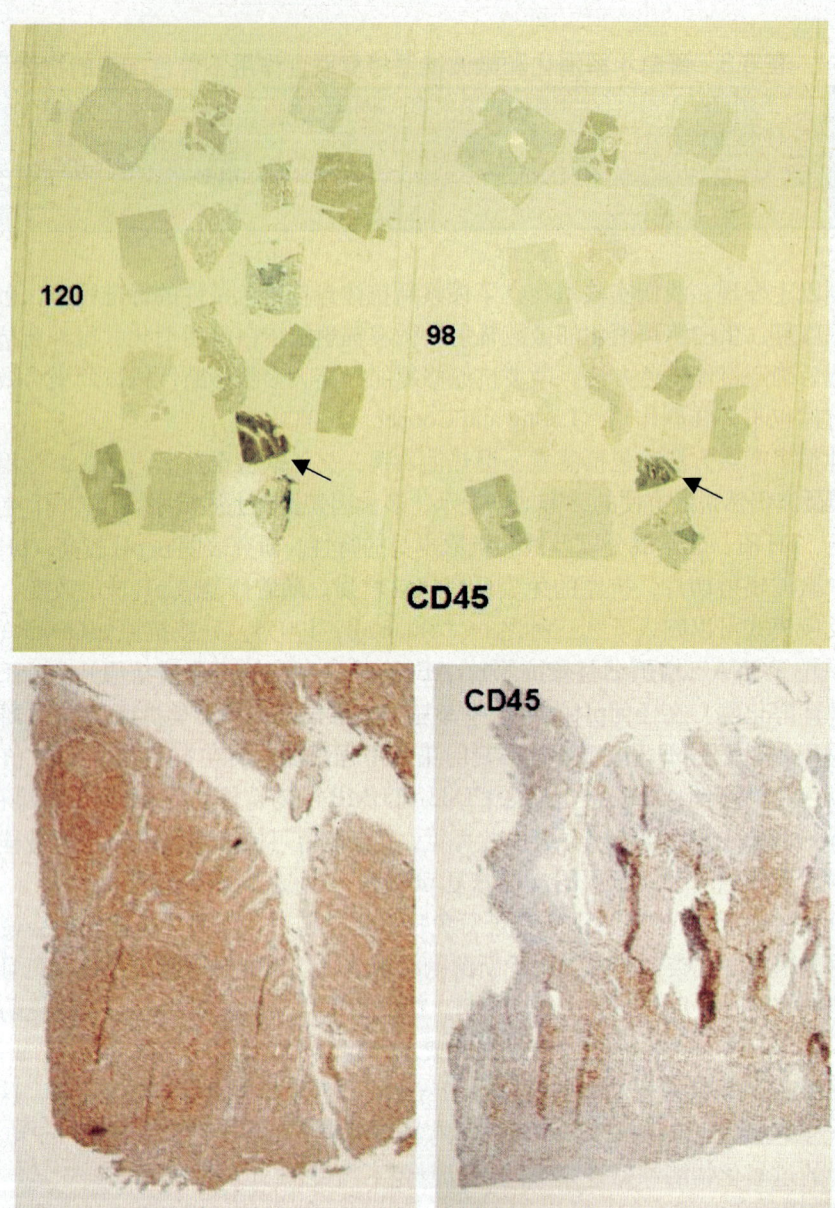

图 6.8 10mmol/L pH6.0 的柠檬酸缓冲液 120℃抗原修复 5 分钟和 98℃修复 10 分钟的多块组织 CD45 抗原免疫标记结果。下面两图为上面图中箭头所指扁桃体组织切片的放大图像，可见120℃高温修复与 98℃修复染色效果明显不同。

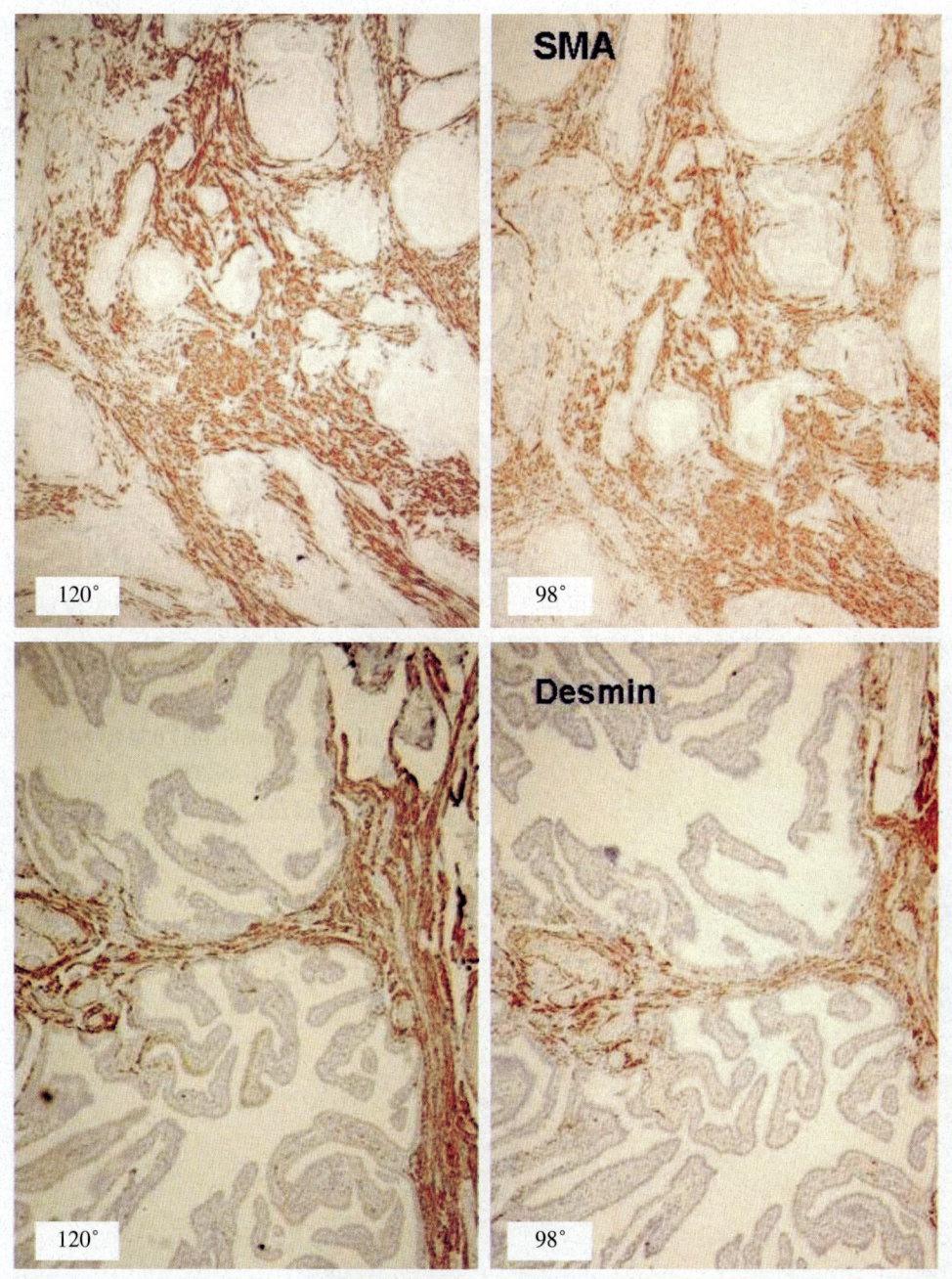

图6.9 上面两图分别显示子宫内膜组织SMA染色,下面两图示前列腺组织结蛋白染色。两种抗体均分别经柠檬酸缓冲液120℃和98℃微波修复。结果显示,两种抗原高温(120℃)修复者染色明显增强。

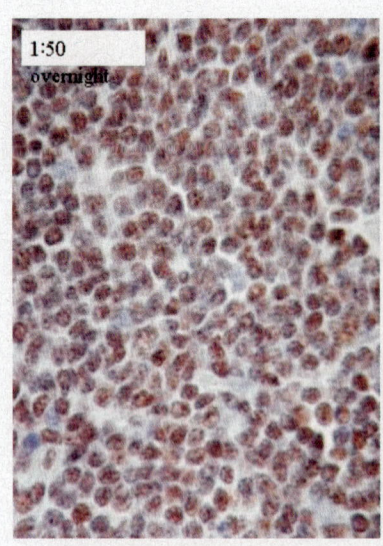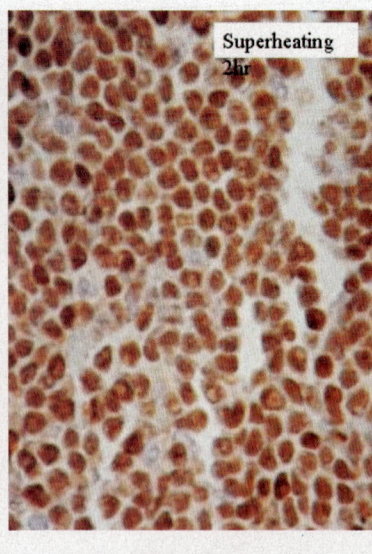

图6.10 套细胞淋巴瘤细胞周期蛋白 cyclin D1 染色，pH8.0 EDTA修复液分别于98℃（左图）和120℃（右图）进行抗原修复。后者着色效果明显好于前者。且同等一抗稀释度，98℃修复的切片一抗孵育需过夜，而 120℃ 修复者只需孵育 2 小时。

精确控制微波抗原修复的时间和温度对于检测淋巴细胞免疫球蛋白也很重要。98℃抗原修复加0.05%胰蛋白酶预消化可用于许多恶性淋巴瘤组织中胞浆和胞膜免疫球蛋白的精确定位，且与其他方法比较几乎无背景着色（图 6.11，6.12 和 6.13）。

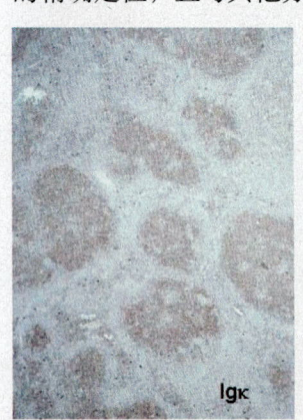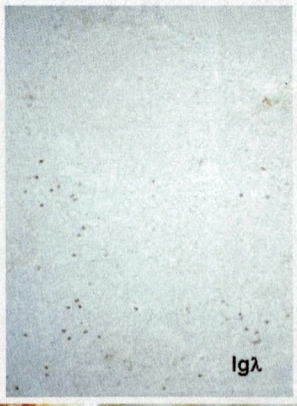

图6.11 滤泡型淋巴瘤2级组织切片，胰酶消化加 4mol/L pH7.0 尿素 98℃微波修复。肿瘤滤泡免疫球蛋白κ链（Igκ）阳性（上图左），而λ链阴性（上图右）。注意切片无背景着色。下图示 Igκ 的 4 种着色方式：胞浆着色（右中图）；颗粒状胞膜着色（右下图）；核周（内质网）和高尔基体着色（左图箭头）。

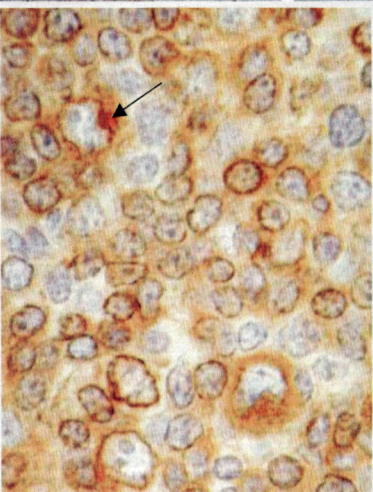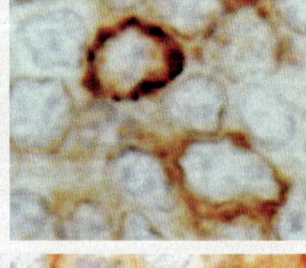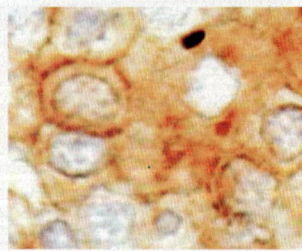

第六章 抗原修复

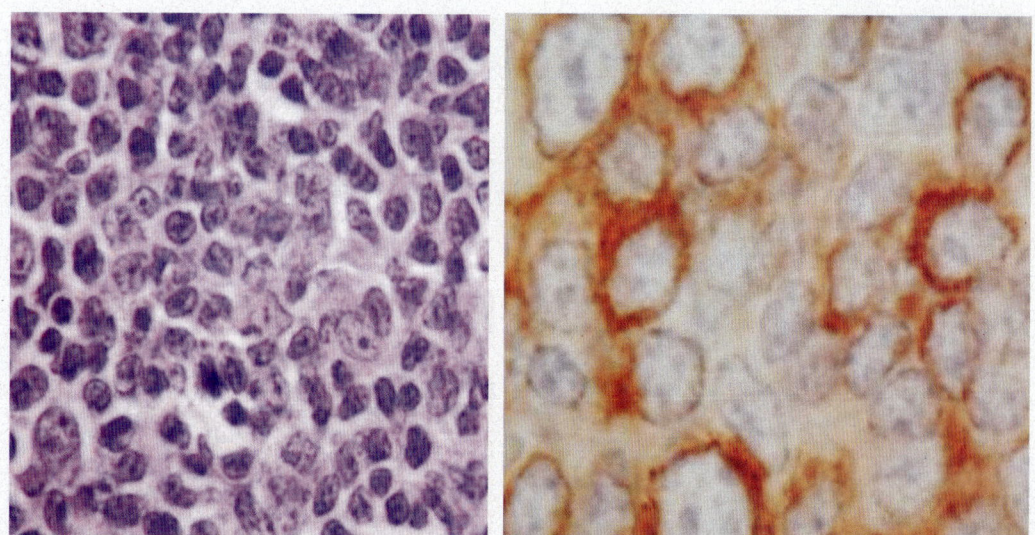

图6.12 小淋巴细胞淋巴瘤切片（HE，左图），仅Ig λ呈胞浆、颗粒状胞膜和核周阳性（右图），而Ig κ标记呈阴性（图像未示）。（胰酶消化加4mol/L pH7.0尿素98℃微波修复）

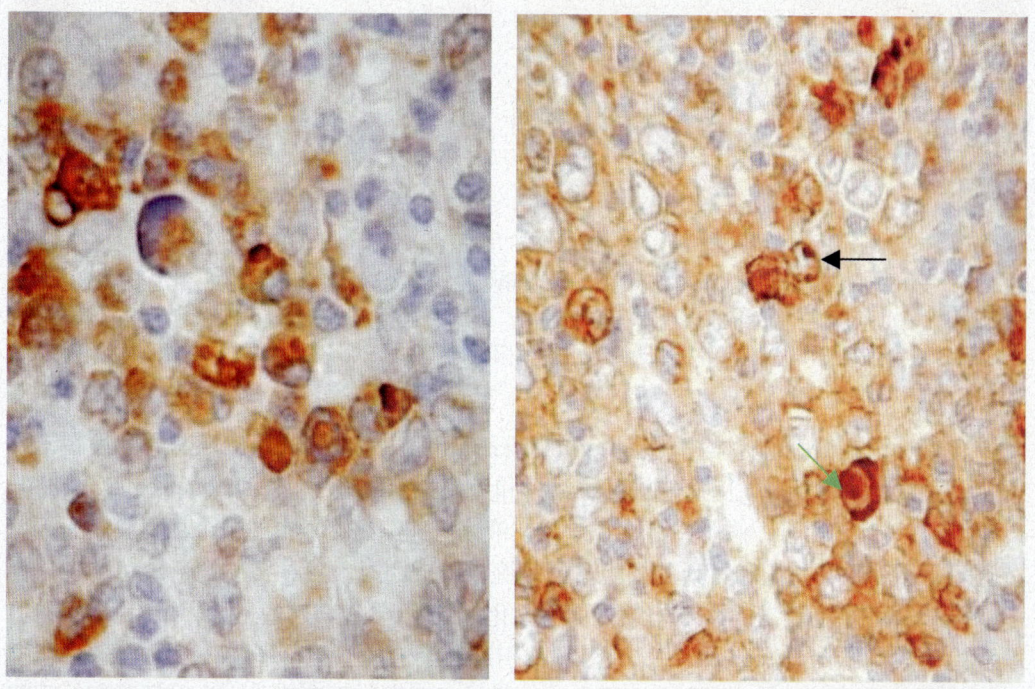

图6.13 弥漫性大细胞淋巴瘤切片，轻链标记仅Ig κ阳性。Ig κ示阳性颗粒在胞浆呈清晰的球状，染色深浅不一。其中高尔基体（黑箭头）和Dutcher小体（绿箭头）着色明显（胰酶消化加4mol/L pH7.0尿素98℃微波修复）。

细胞学标本的抗原修复

早在1990年，Leonpard Koss就注意到，免疫组化很少在细胞学检查中应用。主要原因是细胞学标本的材料有限、内含的蛋白造成染色背景过高以及制片过程中广泛使用乙醇做固定剂（图6.14）。

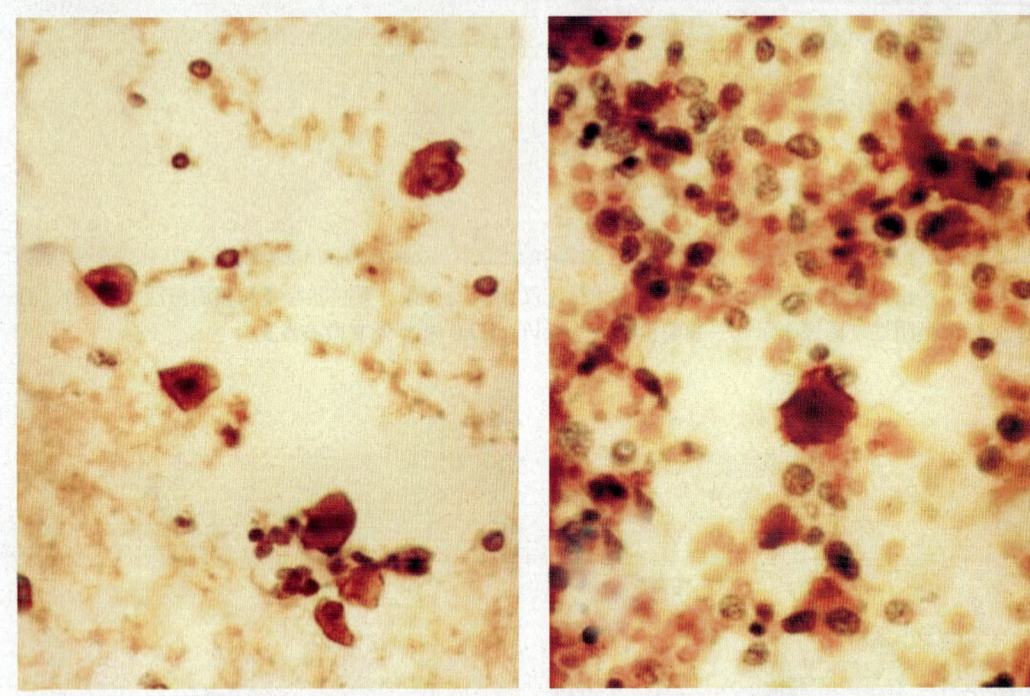

图6.14　支气管冲洗液涂片，Cam5.2标记低分子量角蛋白。冷丙酮（左图）和无水乙醇（右图）固定，未做微波修复。可见乙醇固定的涂片背景染色过高。丙酮固定的涂片背景较干净，背景中的阳性颗粒为溶解的细胞和黏液，但该涂片中淋巴细胞出现假阳性着色。

免疫标记在细胞学标本中的应用不如在石蜡包埋切片中的应用广泛的原因还在于不同实验室技术水平不一，因而造成细胞涂片和免疫染色质量不均（Dalquen et al., 1993；Loeng, 1996c）。而且，假阳性可见于漂浮在液体（如渗出液）中的单个细胞膜表面，另外还可见于变性、挤压和坏死的细胞。当细胞聚集成团时，各种抗原均不着色的现象也不少见。这可能是因为抗体未能穿透那些固化的细胞，如表皮角质层或Russel小体和甲状滤泡胶质等结构（Leong, 1993b）。其他引起假阴性的原因可能是技术方面的，包括试剂滴度和稀释度不当、细胞内抗原表达水平低、细胞抗原遮蔽或丢失以及孵育时间和温度不恰当。鉴于以上原因，许多细胞实验室仍然用细胞沉淀物的石蜡包埋切片来做免疫标记（Shield et al., 1996）。

大多数关于细胞学标本的免疫标记研究都采用的是酒精固定的涂片。我们检验了23种不同的固定剂和固定方法，包括丙酮、乙醇、甲醇、戊二醛、福尔马林，以及不同比例的福尔马林生理盐水，结果发现空气干燥、1%福尔马林生理盐水（van der Griendt液）室温固定过夜的涂片免疫活性保存最好且最稳定，若经微波预处理则效果更佳（Suthipintawang et al., 1996）。无水乙醇后固定10分钟细胞形态更好，但大多数情况下不需要这一步（图6.15）。

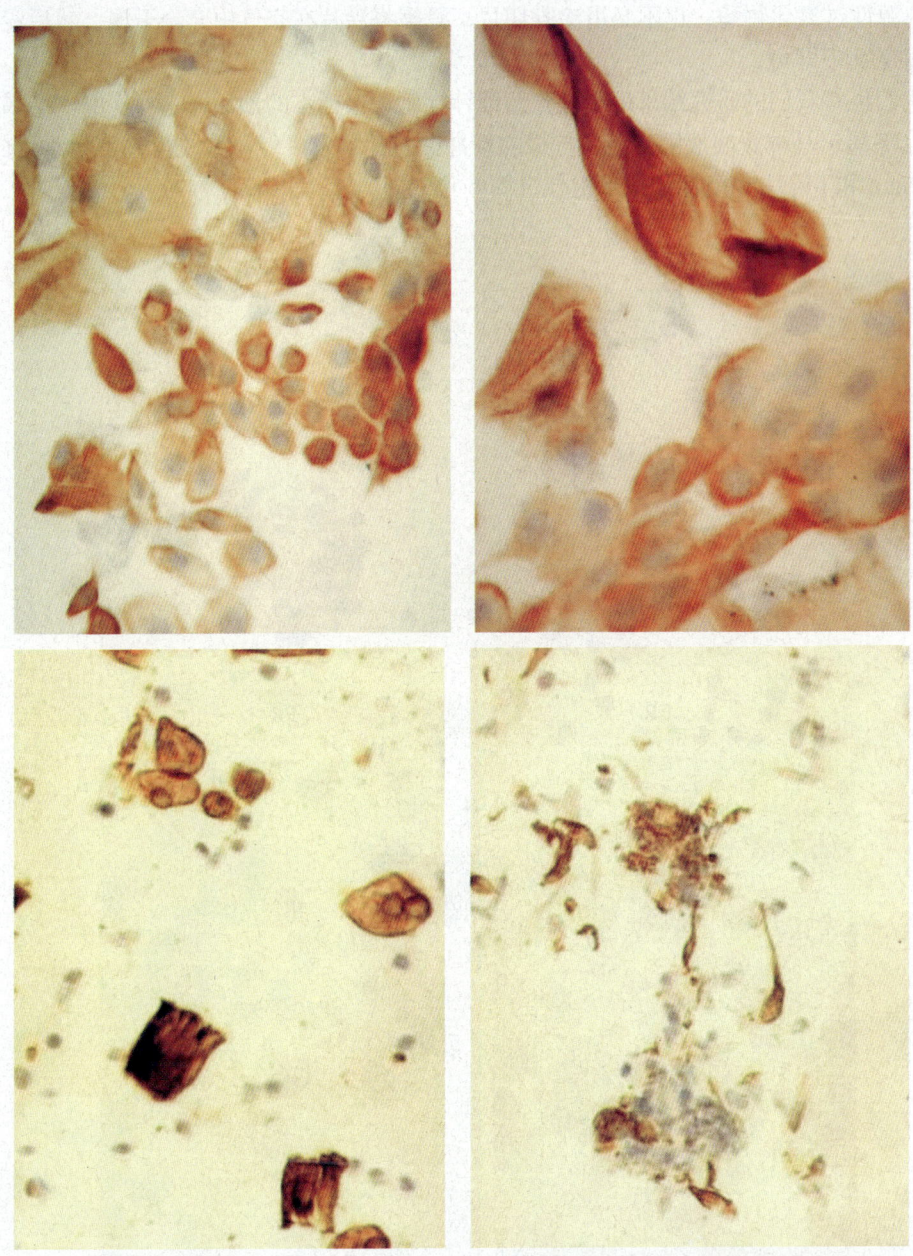

图6.15 上图示乙醇固定加1%福尔马林生理盐水后固定的单层宫颈涂片Cam5.2的免疫标记结果（98℃ pH6.0柠檬酸缓冲液中微波抗原修复15分钟）。左下图示支气管冲洗液Cam5.2免疫标记结果，右下图示腹膜横纹肌肉瘤细针穿刺活检结蛋白免疫标记结果。两标本均经福尔马林生理盐水固定及微波抗原修复。可见四张切片几乎均无背景着色，抗原着色强而特异。

微波技术

因此我们建议对可能需要做免疫标记的细胞学材料不进行湿固定。相反，在染色前先空气干燥再以1%的福尔马林生理盐水固定。1%福尔马林生理盐水的低渗作用可使涂片重新水化而且可消除蛋白性背景和黏液。另外，它能溶解含有内源性过氧化物酶的红细胞。这样就可以基本消除乙醇和丙酮固定标本中可见的背景着色。用此固定方法不必阻断内源性过氧化物酶，也不必用涂胶切片，只需将涂片在空气中充分干燥，然后浸泡于弱固定剂中即可。

我们也将我们的研究结果用于乳腺癌细针穿刺活检标本的预后标志物检测，结果显示，10%福尔马林缓冲液固定结合柠檬酸缓冲液抗原修复，雌激素受体、孕激素受体、HER2/neu 和 MIB1 免疫标记效果极佳（图6.16）。

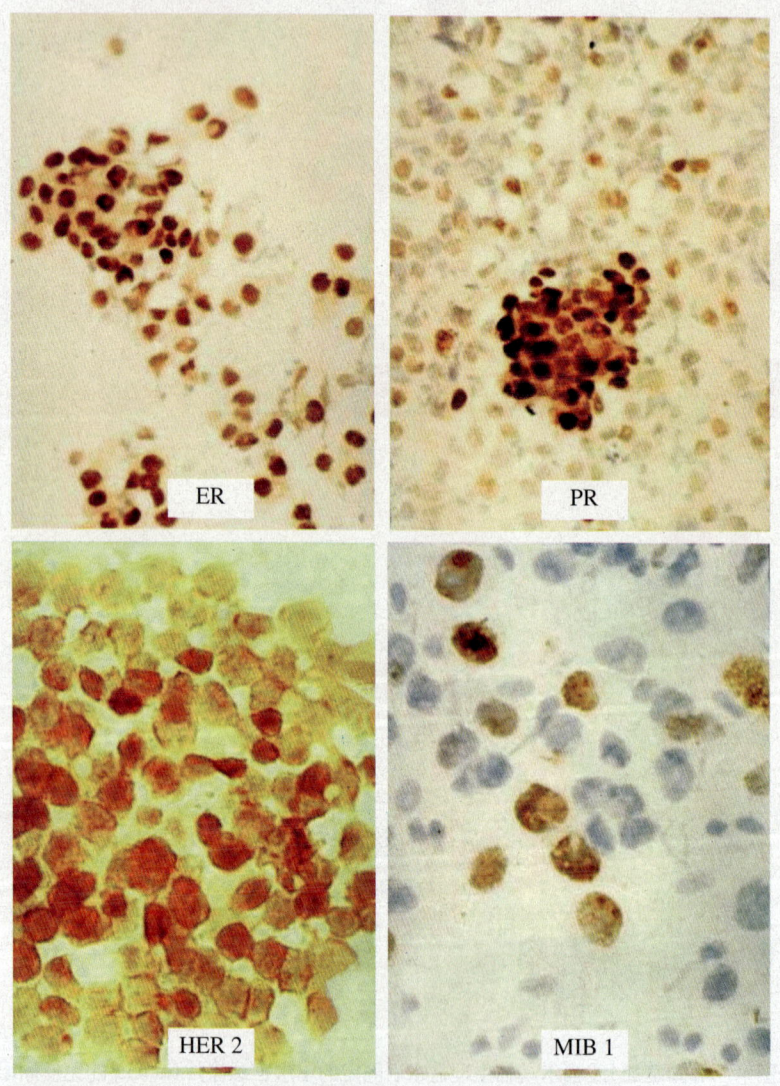

图6.16　乳腺癌细针穿刺活检标本ER（雌激素受体）、PR（孕激素受体）、HER2/neu蛋白及细胞周期蛋白（MIB1）免疫染色结果。涂片在微波抗原修复前经空气干燥和10%缓冲福尔马林固定。染色结果强而特异且无背景着色。

由于技术问题，细胞学标本的淋巴细胞抗原和免疫球蛋白染色结果常常造成困惑（Leong，1999）。许多问题与高背景着色和无关淋巴细胞的假阳性有关，特别是在用湿固定或空气干燥涂片进行免疫球蛋白染色时。按照我们的方法，1%福尔马林生理盐水固定空气干燥涂片，然后进行抗原修复和按下述方法染色，即可得到背景低、红细胞溶解的最佳制片效果（图6.17）。

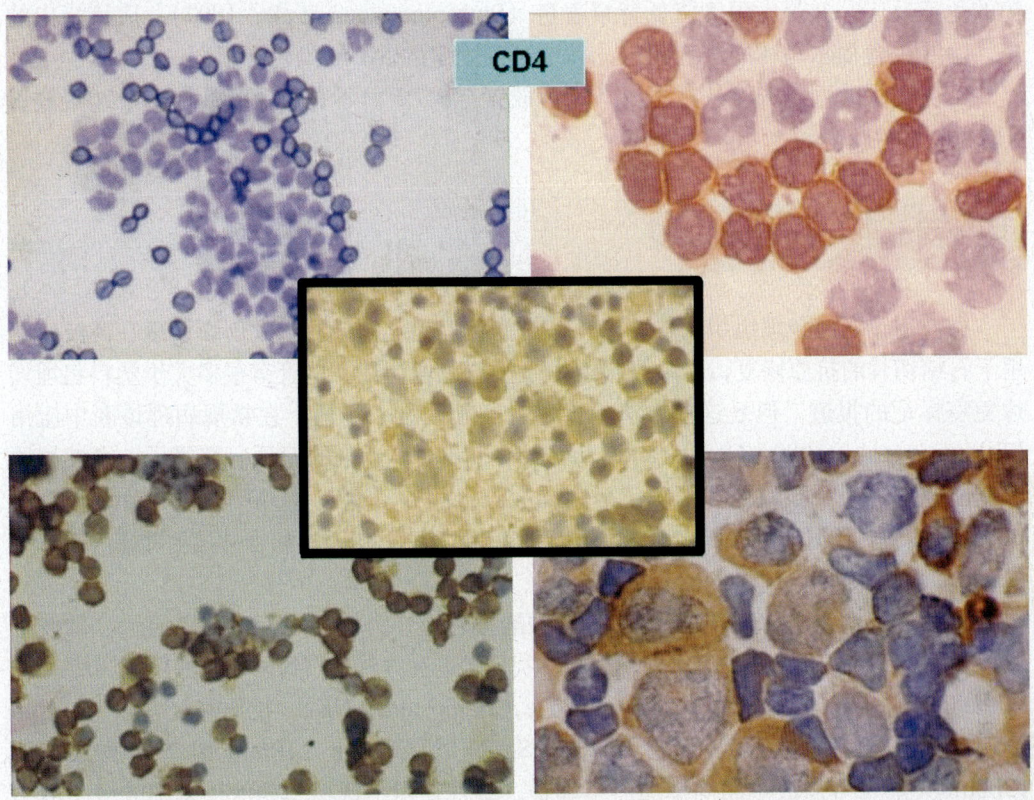

图6.17 淋巴结涂片和印片的免疫标记。除中图外，其他标本均为室温下空气干燥14小时，继而重新水化1%福尔马林盐溶液固定4小时，然后98℃ pH6.0的柠檬酸缓冲液微波抗原修复15分钟，SAB法染色（左上图除外，其为免疫金-银染色）。可见上两图CD4免疫标记和下两图Ig κ免疫标记均强且清晰。相比之下，中图所示的乙醇固定涂片同样标记Ig λ，却因背景过高而无法判断染色结果。

细胞学标本的免疫标记步骤

1．室温空气干燥涂片、印片或细胞离心涂片8～24小时，空气干燥片可用于Romanowsky染色或者经生理盐水水化、乙醇固定用于巴氏染色。

2．在1%福尔马林生理盐水（25ml 40%福尔马林加生理盐水至1000ml）中固定2～14小时（在该时间范围任何时间停止固定。固定时间越长，含血量多的涂片染色效果越好）。该低渗溶液可使标本重新水化，溶解红细胞，消除蛋白性和黏液背景。

3．无水乙醇后固定10分钟（可选，可能使细胞形态保持更好）。
4．干燥涂片，然后10mmol/L pH6.0 柠檬酸缓冲液98℃微波抗原修复15分钟。
5．用适当的一抗进行免疫标记。

微波抗原修复对于获得最佳染色效果至关重要。按上述步骤（Suthipintawong, Leong and Vinyuvat, 1996）可获得很强的中间丝、细胞核、胞浆、胞膜结合糖蛋白和胞浆内酶的免疫反应，并最大限度降低背景着色（Suthipintawong et al., 1997）。应该指出的是，除非用含福尔马林的试剂固定，其他试剂固定的S-100染色都很弱。

空气干燥或固定的涂片在室温下均可放置至少7天而不丧失免疫活性，-70℃放置5周免疫活性仍保留。

电镜标本的抗原修复

微波用于石蜡包埋组织的抗原修复被誉为免疫组化领域的重大创新。现在微波广泛用于石蜡切片的抗原修复，但少见报道用于塑料包埋切片。尽管有很多关于塑料包埋切片免疫标记的报道，但是这些方法不稳定且实施困难，不适于在常规病理诊断中应用（Takimiya et al., 1980；Gerritts and van Goor, 1988）。近来的三项研究显示，微波抗原修复能成功地用于塑料包埋组织包括丙烯酸乙二醇异丁烯酸（GMA）（Suurmeijer and Boon, 1993），环氧树脂Polarbed 812（McCluggage et al., 1995）和甲基异丁烯酸（MMA）（Hand et al., 1996）。

三种方法均采用pH6.0 10mmol/L 柠檬酸缓冲液作为修复溶液，结果显示，微波抗原修复可提高抗原性，很少有例外。近来，我们把这种方法推广到丙烯酸酯包埋切片（LR White Resin, London Resin Co, Bosingstoke, Hampshire, UK）。抗原修复方法为：1μm 厚切片置于3-氨丙基三乙氧基硅烷（APES）硅化的载片上，10mmol/L 柠檬酸缓冲液（300ml）中750W微波炉高功率加热至沸腾。载片在用中低功率档保持微沸的缓冲液中保留10分钟。在热缓冲液中冷却20分钟后进行免疫染色。我们用此法增强了波形蛋白、细胞角蛋白、SMA、Ⅳ型胶原、层连蛋白、β-连接素、IgA和IgG的染色效果（图6.18，6.19，6.20，6.21）。

我们已经成功地将微波抗原修复用于免疫电镜切片（Sormunen and Leong, 1998）。简言之，聚乙烯醇缩甲醛包被的镍网上的超薄切片置于塑料网盘上并浸入盛有50ml 10mmol/L 的柠檬酸缓冲液的烧杯中，与另一盛有350ml水、用于吸收部分微波辐射的烧杯同时放入微波炉。缓冲液升温至85℃～90℃并保持5分钟。镍网在缓冲液中再停留20分钟，然后移入TBS缓冲液中用于免疫标记。大多数被测抗原的免疫标记明显增强，包括波形蛋白、角蛋白、Ⅳ型胶原、IgA和IgG。即便是β连接素，染色结果也很清晰。众所周知，β连接素免疫电镜标记很困难，甚至冰冻切片也是如此。

除了标记增强外，经微波辐射的树脂包埋切片无论用光镜还是用电镜观察，背景着色都显著降低。组织形态与不经微波辐射的标本相比无差别。有趣的是，微波辐射后内质网看起来染色更强、轮廓更清晰。

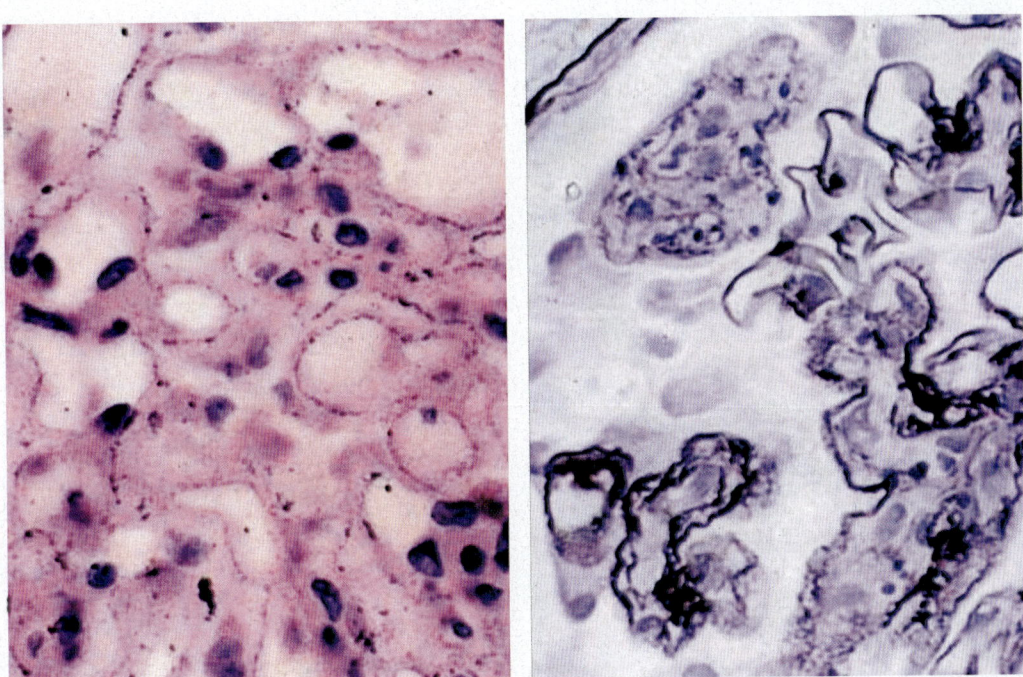

图6.18 膜性肾病树脂包埋切片，免疫金-银标记IgG（左图）及六胺银染色（右图）。增厚的毛细血管基底膜有明显的IgG沉积（左图），沉积物之间基底膜样物质形成钉突（右图）。

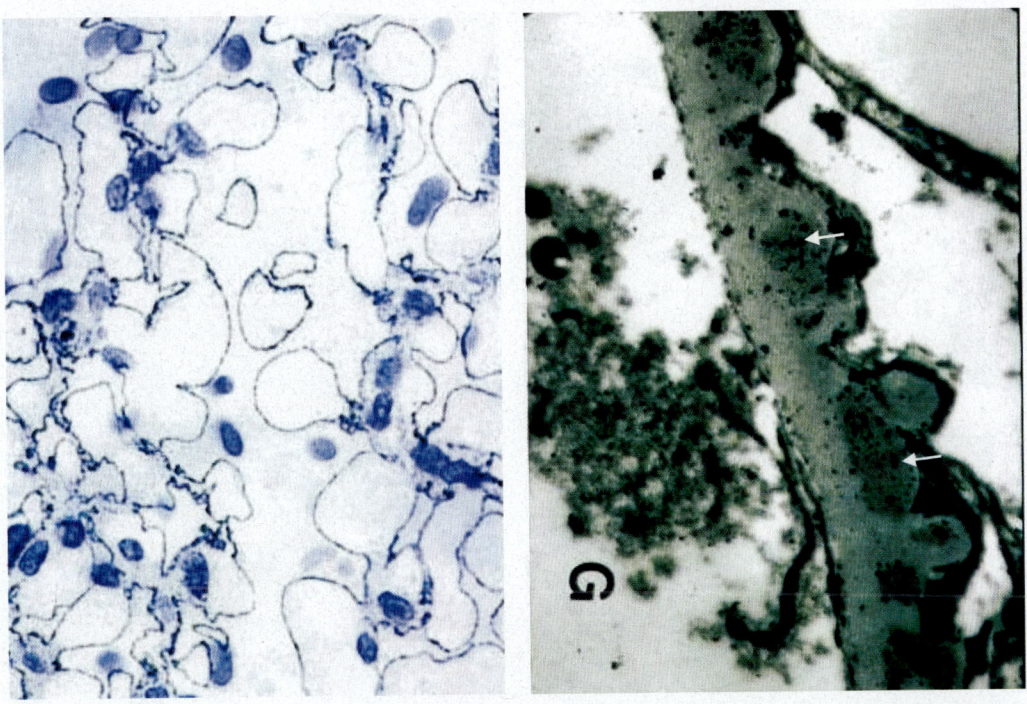

图6.19 膜性肾小球肾炎树脂包埋切片，左图为免疫金-银标记Ⅳ型胶原，显示肾小球毛细血管基底膜断裂开窗伴IgG沉积。另一张为同一组织块的透射电镜IgG免疫标记切片，显示基底膜上皮侧的电子致密物出现25nm的IgG免疫金标颗粒。两张切片均经98℃柠檬酸缓冲液微波辐射2分钟。

微波技术

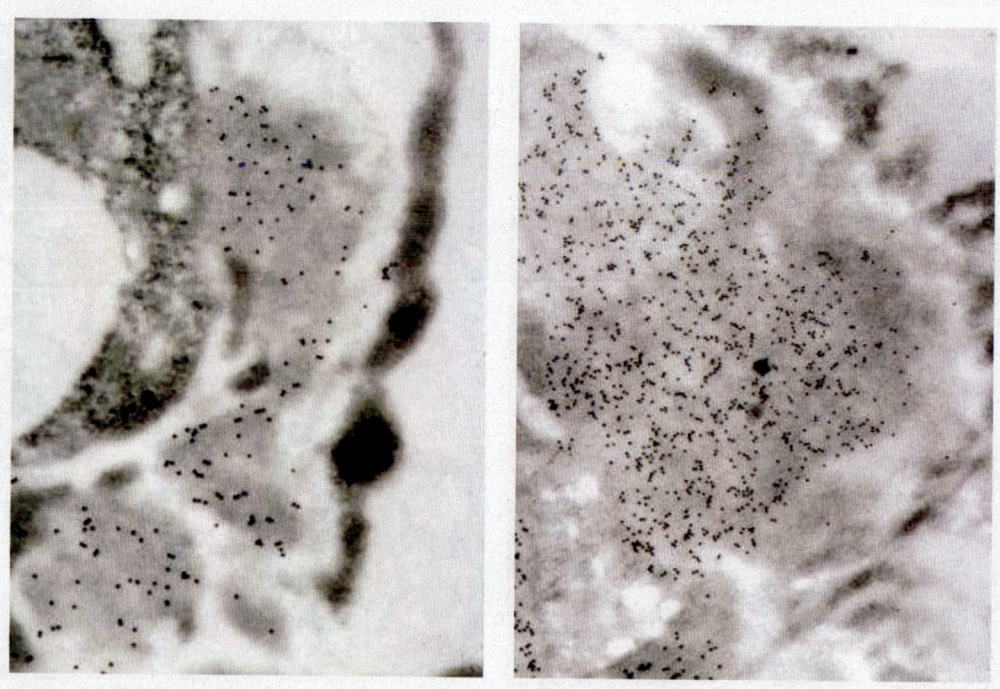

图6.20 狼疮性肾炎标本的IgG（左图）和IgA（右图）免疫金标记，98℃柠檬酸缓冲液微波抗原修复2分钟。可见25nm的免疫金标颗粒明确定位于毛细血管基底膜的致密沉积物中。

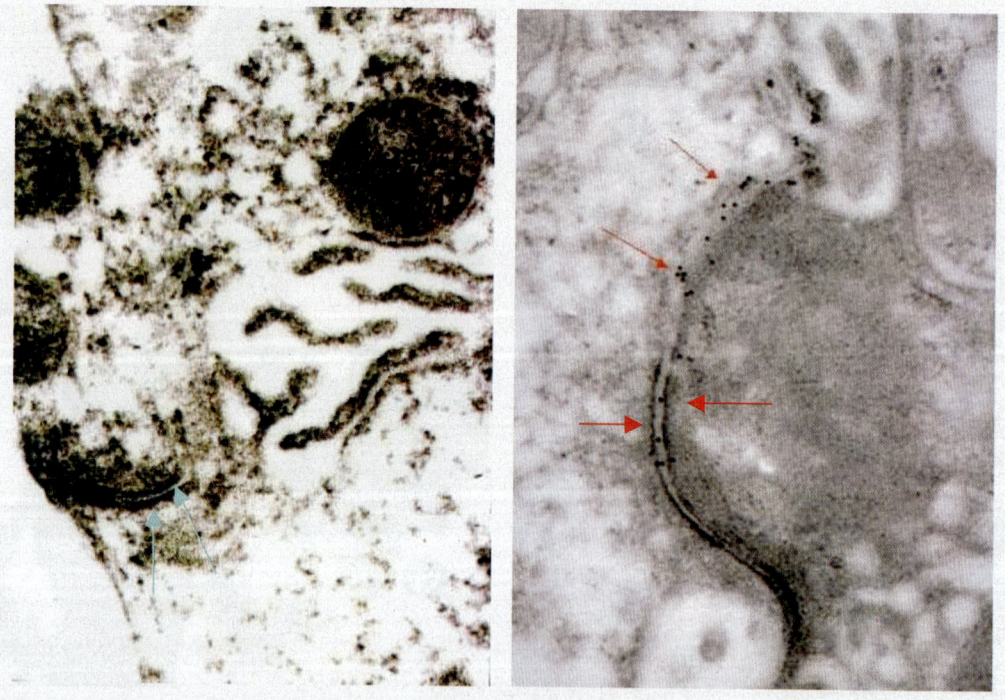

图6.21 乳腺上皮β连接素免疫金标记，不经微波抗原修复（左图）和98℃柠檬酸缓冲液微波抗原修复2分钟（右图）。经微波抗原修复者黏着连接处（箭头）抗原标记明显，但在左图相应区域未见免疫金颗粒（蓝箭头）。

第六章 抗原修复

福尔马林固定和抗原修复的可能机制

也许探讨抗原修复的可能机制超出了本书的范围，然而对于这样一个重要的诊断病理学议题，应该简要讨论一下。微波修复对大多数诊断性抗体有益，而对其余的抗体也没有不利影响（Leong，Cooper and Leong，2003）。所以所有切片在染色之前都可常规进行微波抗原修复。

甲醛对蛋白质固定作用的知识要追溯到 Fraenkel 和他同事的发现（Fraenkel-Conret et al.，1947，1948a，1948b）。Shi 等最近全面综述了甲醛的固定及抗原封闭作用。蛋白质的氨基酸侧链包含许多基团，它们可以和乙醛发生反应。已知这些反应对蛋白质有稳定作用。然而，尽管有大量文献探讨甲醛引起蛋白质结构改变的机制，但哪些是固定中起主导作用的分子意见尚不一致。毫无疑问，某些交联非常稳定，即使高强度洗涤也不能将其逆转。而其他的则可在不同条件下复原为游离甲醛和氨基酸（Pearce，1980）。因为还未完全了解甲醛对蛋白质的作用，所以不能完全了解抗原修复的作用机制也就不足为奇。

加热作为抗原修复的常用手段，可通过多种方式进行，如微波辐射、湿热灭菌器和高压锅。加热能导致一些抗原或内源性酶的活性丧失（Cattoretti et al.，1993），也可逆转由福尔马林固定引起的蛋白质化学结构改变（Shi et al.，1997），由此推断加热可能会引起蛋白变性。高温抗原修复的其他机制包括松解或打断由福尔马林固定引起的交联，水解希夫碱，以及通过其他多种途径如提取扩散性阻断蛋白、沉淀蛋白质和引起组织脱水使抗原表位暴露，更好地与抗体结合（Suuurmeijier and Boon，1993）。其他修复方法如酶消化和改变 pH 值也可达到上述全部或部分效果。微波可以清除常规脱蜡方法无法清除的残余石蜡，从而提高抗体的穿透率（Gown et al.，1993）。Morgan 等（1994，1997）提出，福尔马林固定产生的钙复合体可能封闭抗原，从这种笼状复合体中释放出钙需要相当高的能量如高温和柠檬酸的钙螯合作用。然而，Shi 等（2000）认为，钙的这种作用只发生在某些抗原，不能有效地解释其他许多抗原免疫反应丧失的原因，因此似乎不能代表抗原修复的一般机制。

抗原修复中动力学的作用也不清楚。除了加热被认为是微波修复的有效因素，微波产生的快速振动的电磁场本身也可影响化学反应和蛋白质。在加热或热能提高分子动力、加快反应速度的同时，微波直接引起分子加速旋转，增加了分子之间彼此碰撞的机会，进而加快化学反应速度。产热可能只是一种继发于分子动力学变化的表象。Hjerpe 等（1988）检测了酶联免疫吸附测定系统中微波对 CEA/抗-CEA 反应的激发作用。尽管用冰块连续降温，微波仍可使反应速度增高1000倍，观察者由此得出结论：仅仅中等程度温度的升高难以解释反应速度的迅速增长。Choi 等（1997）进一步阐明了"微波效应"的存在。他们显示在热循环仪中的微滴升温速率与微波辐射效果相似。然而，在37℃热循环仪中孵育3分钟，然后常温孵育2分钟，其免疫染色效果远不如应用微波修复者。Takes 等（1989）同样也证实微波辐射7秒，然后应用亲和素-生物素过氧化物酶法，每步操作均在室温下孵育5分钟即可获得良好的免疫染色结果。850W 微波炉中最高档辐射7秒，其微滴温度上升不超过5℃，因此，温度不是加快反应速度的重要因素。

也有人持不同观点，认为没有所谓的微波效应，反应速度加快只是加热的作用。Hopwood等（1988）得出结论，微波辐射不会引起蛋白质断裂或聚合而是产生电泳现象，这种现象类似于溶菌酶和血红蛋白在60℃甲醛中加热30分钟的效果。有趣的是，Porcelli等（1997）给出了相反的结果。在研究S-腺苷甲硫氨酸水解酶和5′-甲硫腺苷磷酸化酶这两种耐热酶时，他们发现微波辐射可引起酶失活，这种失活为不可逆转的，与热量无关，且有时间依赖性。通过荧光和振动圆二色谱检测出S-腺苷甲硫氨酸水解酶发生了结构改变，这表明微波诱导的蛋白质结构重建与高温无关。Ruijgrok等（1993）通过猪胶原皱缩实验模型研究戊二醛诱导的胶原交联作用，得出的结论是：在4℃~20℃范围内，微波不能"以非高温作用形式增强戊二醛的胶原交联作用"。有趣的是，该文的作者之一曾是上文提到的早年关于CEA/抗CEA研究一文的共同作者（Hjerpe et al., 1988）。

有关超声波在免疫组化染色中可显著提高抗原-抗体反应的报道为分子运动是加快化学反应速度的重要因素这一观点提供了进一步支持，因为由分子运动本身产生的热量几乎可以忽略不计（Portiansky et al., 1996）。推测许多其他物理学机制也参与了微波的作用。尽管在微波场中产生的质子能量太小而不足以改变共价键，但是它们足以影响非共价次级键，包括构成细胞膜精确空间结构的疏水键、氢键和范德华力。

Sompuran等（2004）利用合成的短链肽建立了一个免疫组化染色模型以模仿一般诊断性靶蛋白的抗体结合位点。结果发现，并不是所有被研究的肽都表现出福尔马林固定和抗原修复现象。其中一组肽即使长时间暴露于福尔马林仍旧可被抗体识别。而另一组只有在固定前与另外一种不相关的蛋白质混合才表现出福尔马林固定和抗原修复现象。氨基酸序列分析显示，固定和抗原修复过程中的重要因素是在抗体结合位点内部或近旁存在的酪氨酸与附近的精氨酸发生共价结合所涉及的曼尼西反应（Mannich Reaction）。

曼尼西反应是一个多步骤的复杂反应。首先甲醛与一个胺反应产生一个亚胺离子，然后亚胺离子与另一个含羰基的分子反应形成中间产物，而该含羰基的分子必须有烯醇式构型。最后，亚胺离子与烯醇式中间产物反应形成稳定的终产物。Sompuran等（2004）的发现与Fraenkel-Conrat等（1947，1948）的发现一致。他们认为所有的蛋白交联作用都是福尔马林固定的结果，与曼尼西反应的不同在于，这种蛋白交联可通过加热和强碱处理而水解（Gown，2004）。尽管这些研究者提出的观点能够解释一些肽被福尔马林固定的机制，但对于大多数肽仍旧无法解释。

要点

- 微波辐射是最便利的抗原修复方法。
- 微波辐射能增强用各种固定剂固定的用于石蜡包埋、细胞学检查和电镜检查的组织抗原的暴露程度。
- 抗原修复的机制尚存在争议。
- 精确地控制温度和时间是获得最佳抗原修复效果的关键。
- 微波介导的抗原修复对光镜和电镜的免疫标记均非常重要。
- 微波抗原修复有利于细胞学标本的检测。

（石雪迎　陈阿静　译）

微波技术

微波应用于分子检测是较新的进展。微波在分子研究中最初用来产热以达到探针和组织DNA变性所需的高温,既便于操控又产热迅速。微波也用于加快mRNA的检测速度(Besancon et al., 1995)。

甲醛固定的组织仍然是分子研究中最普遍的材料来源,而在原位杂交之前先进行蛋白酶消化对于解除这种固定方法造成的交联作用是极为重要的。最近研究证明用类似于抗原修复的方法,把福尔马林固定、石蜡包埋的切片置于柠檬酸缓冲液中进行微波辐射,可增强被测mRNA(Sibory et al., 1995)和DNA(Bourinbaiar et al., 1991;Allan et al., 1993)的信号。

先用微波辐射,再进行短暂的蛋白水解消化,可对组织和靶序列产生积累效应,与酶消化或微波修复单独应用相比,原位杂交信号显著增强(McMahon and McQuaid, 1996;Sperry et al., 1996;Gu et al., 2000)。与蛋白水解消化需要足够长的时间才能产生满意的着色效果不同,微波和短时酶消化联合应用的形态学保存明显好于单独的蛋白酶消化法。因为后者容易因过消化而导致形态破坏(McMahon and McQuaid, 1996)。微波处理普遍降低背景着色仅仅是因为缩短了酶消化的时间。长时间酶消化会破坏细胞的完整性,使得目的分子移入背景,从而导致非特异背景着色增强,信号特异性降低。

Sperry等(1996)比较了微波辐射、酶消化和氯化钠柠檬酸溶液单纯加热在检测福尔马林固定、石蜡包埋组织中RNA和DNA的作用。他们发现联合应用10mmol/L pH6.0的柠檬酸缓冲液中微波处理15~20分钟加蛋白酶K短暂消化效果最佳。不仅阳性信号增强,检测出的阳性标本例数也增加,而且在其他修复方法无效的探针浓度下即可检测到目的核苷酸序列。他们发现该法所需白蛋白探针的最小浓度是其他方法的1/10。消化和微波辐射两种方法联合应用的顺序并不重要,不管是先消化还是先进行微波辐射,都可得到增强的信号(McMahon and McQuaid, 1996)。未经微波预处理不能得到阳性结果的原位杂交病例,联合应用微波预处理和酶消化都得到了阳性结果(Haas et al., 1998)。除了观察微波预处理的增效作用,研究者们还比较了用于抗原修复的各种缓冲液、酶消化以及微波辐射的时间。结果显示,不同的目的RNA和组织有不同的最适缓冲液/时间/强度组合。他们的结果还表明微波可能有利于在同一张切片上进行原位杂交和免疫组化的联合标记。其他研究者用柠檬酸-Tris/EDTA缓冲液微波预处理10分钟检测婴儿脑组织中的mRNA,也得到了相同的结果(Relf et al., 2002)。这种方法与酶消化和高压消毒锅中柠檬酸-Tris/EDTA缓冲液处理相比,其结果的信噪比最高,组织形态保存良好,并且对多种固定剂固定的材料均适用。

相同的修复方式对于检测EB病毒编码mRNA(EBER)同样有效(图7.1),通过定量检测已经证实微波预处理可以增强敏感性(Oliver et al., 1997)。

重要的是,微波辐射使RNA原位杂交检测技术更加稳定而可靠(Wilkens et al., 1996)。这一技术已经成功地用于检测凋亡细胞的脱氧核糖核苷酸末端转移酶介导的缺口末端标记法(TUNEL),证实其比蛋白酶消化和去垢剂处理更敏感(Strater et al., 1995;Lucasen et al., 1995;Negoescu et al., 1996)。

微波辐射还被用于鸡Sox11和Sox12基因的半薄塑料切片原位杂交检测(Church et al., 1977)。作者试验了三种抗原修复方法,包括10mmol/L pH6.0柠檬酸缓冲液450W

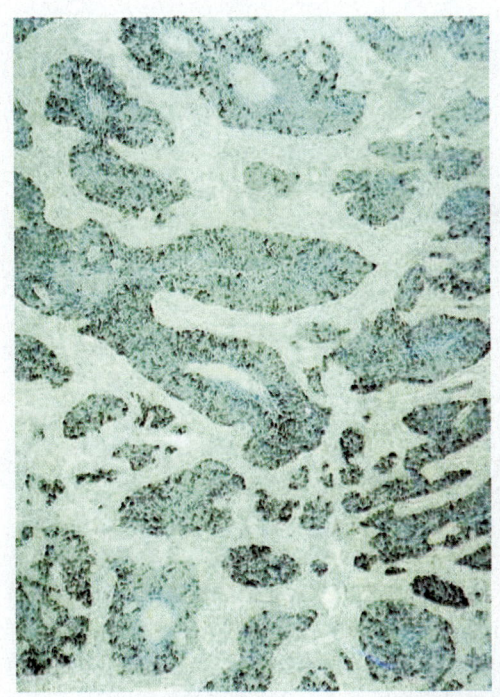 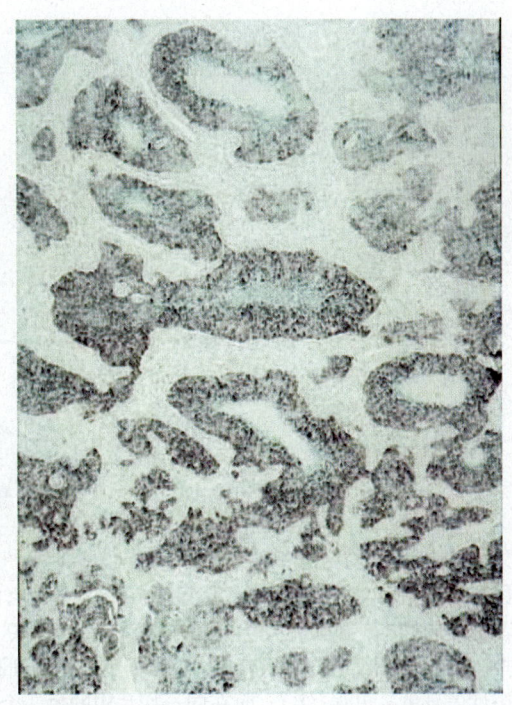

图 7.1　EB 病毒编码 mRNA（EBER）原位杂交检测。未经抗原修复者（左）与 pH6.0 柠檬酸缓冲液微波抗原修复加蛋白酶 K 消化者（右）比较，后者着色显著。

微波加热 20 分钟；37℃ 10mg/ml 蛋白酶 K 消化 15 分钟和 10mmol/L pH6.0 柠檬酸缓冲液高压锅高温（121℃）加热 3 分钟。其中高温加热是增强靶信号的最有效方法，即使对于已经失活的数月前的组织块也同样有效。只有极少文章介绍在塑料切片上进行原位杂交，以甲基丙烯酸甲酯包埋组织并在微波炉中进行高温预处理来提高目的信号可能获得良好的实验结果（Gu et al., 2000）。

有趣的是，微波处理血清有利于聚合酶链反应（PCR）检测乙肝病毒 DNA（Costa et al., 1995）。对全血和毛干标本进行直接辐射能增强 PCR 基因扩增的敏感性（Ohhara et al., 1994）。微波辐射可用于石蜡包埋组织 DNA（包括烟曲菌基因组 DNA）的提取（Banerjee et al., 1995；Bir et al., 1995）。微波能使分裂中期染色体样本发生变性，使得通过染色和 DNA 探针杂交等手段对分散的染色体和组织切片 RNA 进行重复性的比较基因组杂交分析成为可能。最近研究显示，DNA 探针孵育前对样品进行微波辐射可用于 Southwestern 组织化学技术检测雌激素受体和环一磷酸腺苷应答元件结合蛋白（CREB），如缺乏微波处理步骤则无法检测到信号（Shin et al., 2002）。

我们自己的经验（未发表）显示微波预处理同样有利于 DNA 的检测，如应用染色体原位杂交（CISH）技术通过 17 号染色体探针来检测 HER 2/neu 基因（图 7.2）。最近有文献用荧光原位杂交检测 3 号染色体着丝粒得到了类似的结果（Kurosou et al., 2002）。

微波技术

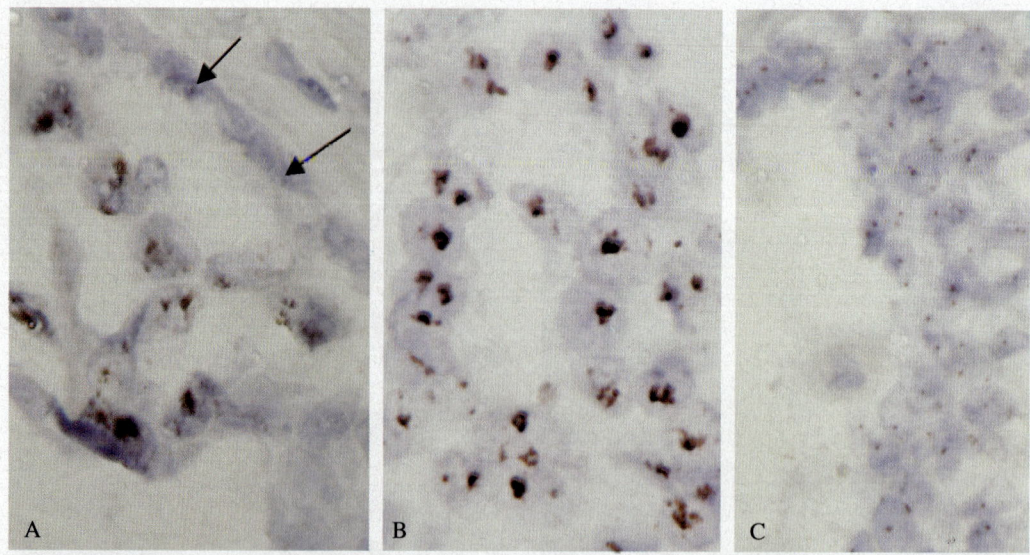

图7.2 染色体原位杂交检测乳腺癌中的17号染色体着丝粒。A图为只经蛋白酶K消化而未进行微波预处理的样本，B和C图为经蛋白酶消化和pH6.0柠檬酸缓冲液98℃微波辐射20分钟联合处理的样本。（A）肿瘤细胞均显示有多个信号而良性上皮细胞不着色（箭头）。与之相比，微波辐射后肿瘤细胞阳性信号更多更强（B），而在同一切片中的每一个良性细胞均可见1～2个清晰的信号（C）。

最后，已有报道提示仅用微波固定而未加福尔马林或其他固定剂的组织不仅能保存DNA而且能保存脆弱的病毒抗原。微波固定的组织中，高分子量聚合状态和游离状态的乙型肝炎病毒均保存良好且适用于PCR和Southern Blot分析。微波作为一种便捷而有效的脱蜡方法也被用于DNA提取。微波辐射加蛋白酶K消化，不做进一步纯化时，DNA的提取量最大（Sato et al., 2001）。微波辐射也被用于非放射性DNA原位杂交技术的各个步骤中以缩短孵育时间（van de Brink et al., 1990）。

要点

- 微波修复适用于RNA和DNA的原位杂交检测。

（石雪迎　陈阿静　译）

第八章

快速组织处理

传统组织处理	84
微波加速组织处理	84
微波加速处理对组织的影响	88
微波加速组织处理程序	89
电镜标本的快速处理	98

微波技术

传统组织处理

组织的固定和处理在过去的一百年中没有什么大的变化。现有的固定剂种类繁多，但是没有一种单纯试剂或混合试剂能使每一种化学和结构成分均得以保存和展示。常规组织病理学中使用最广泛的固定剂甲醛也有缺点，如前面讨论过的毒性和致癌性问题。甲醛作用的矛盾之处还在于，其组织渗透速度很快，每小时0.78mm，但是它的固定作用很慢且取决于组织的厚度和组织与固定剂的体积比，通常在室温下充分固定需要24小时。

组织处理包括四步，即固定、脱水、透明和包埋。充分固定很重要，需将组织块在组织脱水机中用4%甲醛进一步浸泡。接着以梯度乙醇脱水，然后用易溶于乙醇和石蜡的溶媒如甲苯或其替代物进行透明处理。甲苯或其替代物不溶于水，所以在组织浸入前必须完成脱水过程。这样，在去除了水和脂质后，石蜡得以渗透使组织块变坚固，才能切成光线能够穿透的薄片，染色后用于显微镜检察。

自动化组织处理大约出现在50年前，这个领域的主要进展包括应用加热和真空技术加速处理过程，以及最近出现的以液体转换取代组织移动的自动处理器。

微波加速组织处理

根据以往的经验，微波加速可用于组织处理的各个步骤中，因此尝试用微波加速组织处理过程是很自然的。我们以前的很多尝试没有成功的原因是炉腔内部能量分布不均。家用微波炉高于旋转盘1cm的炉腔中央约6cm³的范围内是辐射强度最大最均匀的。为了适应这种特性，我们设计了一种透明有机玻璃方盒，内有9个柱形凹槽用来盛放试剂和小标本（图8.1）。

图8.1 方形有机玻璃盒，内设圆柱状凹槽用以盛放试剂和活检小标本。方盒被垫高了1cm，并有不紧密的盒盖（图右侧）。

把总体积不超过10mm × 10mm × 0.5mm的新鲜或固定不完全的活检组织浸泡于盛有福尔马林液的有机玻璃方盒中，加盖，70℃微波辐射固定3分钟。无水乙醇70℃（保持低于其78℃的沸点）微波辐射6分钟脱水。接着置于无毒的Histoclear液（National Diagnostics Somerville，New Jersey，USA）中在接近其沸点69℃的条件下辐射10分钟进行透明，然后在熔化的Paramat（英国Poole，Gurr BDH化学有限公司）中70℃微波辐射10分钟（微波能穿透固体石蜡但不能穿透液态石蜡）。如此45分钟就可进行组织包埋。各步骤微波辐射时间总计29分钟（Leong，1988）。所有步骤都在加盖状态下进行。所获切片质量良好且所有组织抗原都保存完好（图8.2）。

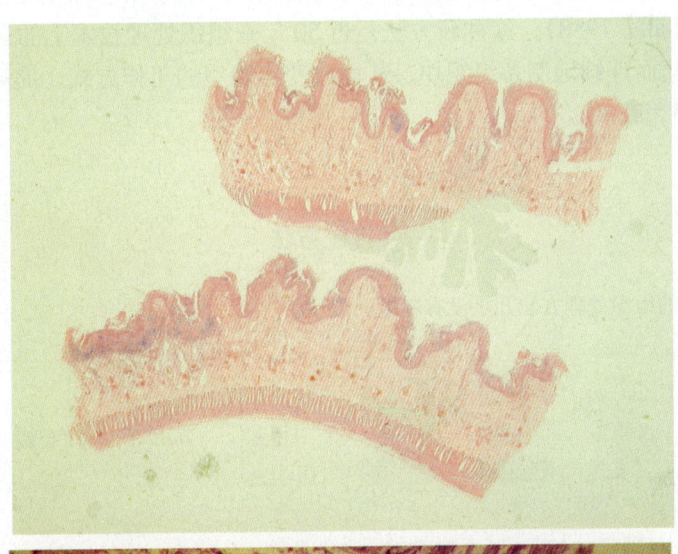

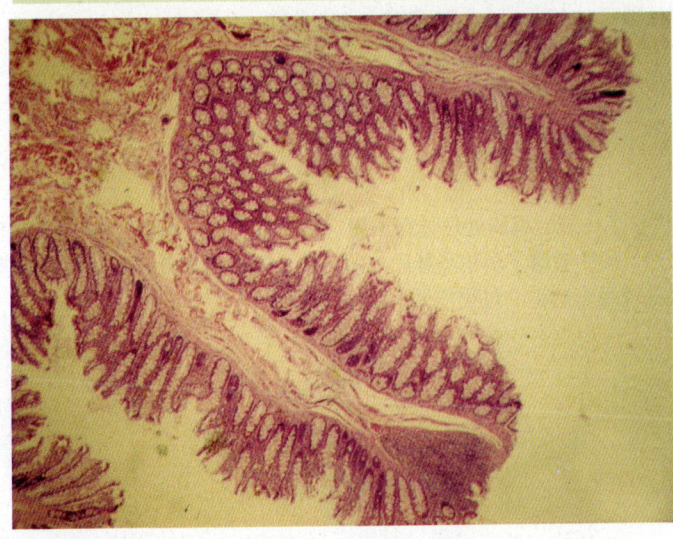

图8.2 微波快速处理的结肠黏膜。如文中所述，组织首先在福尔马林中微波固定3分钟，然后在无水乙醇中脱水6分钟，接着在Histoclear液中透明10分钟，最后在Paramat中浸渍10分钟。从图中可看出，组织脱水均匀（上图），细胞形态保存完好（下图）。

微波技术

早些年（1986）Boon等曾用微波辐射脱水剂和透明剂至沸点，据称该做法可用于体积为5cm × 5cm × 5cm 的组织。

这些早期关于快速组织处理的尝试在我们发明半自动设备——microMed.u.r.m 组织脱水机（Milstone，s.r.l，Sorisole，意大利）时达到顶峰。该仪器可在90～100分钟内完成组织处理过程（Visinoni et al.，1988）。仪器用微波辐射JFC溶液一步完成透明和脱水，每批可快速处理60个蜡块。JFC溶液由无水乙醇、异丙基乙醇和长链烃组成。最初在0.2兆帕下进行微波辐射（该压强可升高JFC溶液中乙醇的沸点）。而后的辐射在负压（10千帕）下进行，目的是促进脱水和蒸发以去除吸收了脂类和水分的JFC溶液。由于脱水和透明同时进行且基本彻底，所以石蜡很容易浸透，且因石蜡没有被污染而可以再利用。此法制备的组织块质地柔韧，均匀易切，对化学染色和免疫标记没有不良影响（Visinoni et al.，1988）。这种新方法是近50年来组织处理技术上的最大变革，它能够在一天内快速而连续地制备组织块，从而改变实验室的工作方式，提高了工作效率和生产力（图8.3和8.4）。

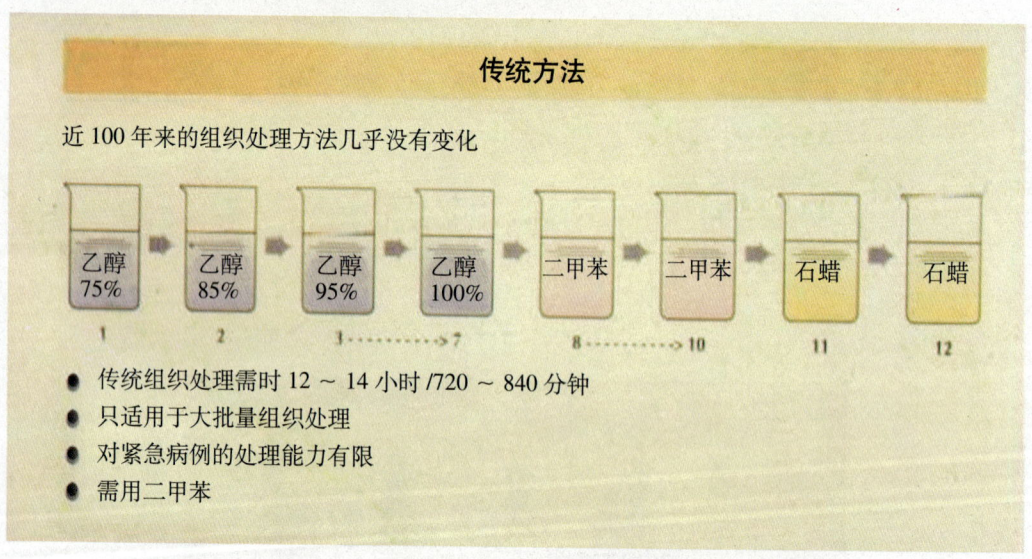

图8.3 该示意图展示了传统的组织处理过程。固定组织首先通过梯度乙醇，然后通过甲苯或二甲苯中，最后浸蜡。另外，图中省略了福尔马林固定的几个步骤，但充分固定对组织处理绝对重要。应用传统的自动脱水机处理组织的整个过程需要12～14小时。

microMed.U.R.M.方法的简易性

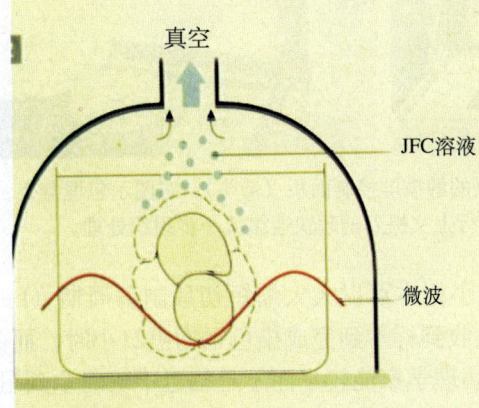

第一步：在JFC溶液同步脱水和透明

在 0.2 兆帕下进行微波辐射，以避免低沸点试剂挥发影响试剂浓度。脱脂和组织脱水可迅速完成。

脱水/透明时间：
针吸标本：共 18 分钟
标准包埋块：共 90 分钟

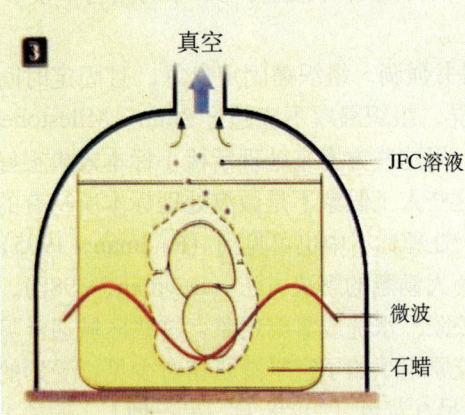

第二步：干燥（除去 JFC 溶液）

石蜡浸透之前必须除去JFC溶液，该步骤在真空（10千帕）中进行。需将包埋盒架移至空玻璃容器中，启动触摸屏电脑上的抽真空步骤。

干燥时间：
针吸标本：3 分钟
标准包埋块：5 分钟

第三步：石蜡浸透

组织中残存的微量 JFC 溶液成分会在真空（10千帕）浸蜡过程中除去。该步骤需操作者把包埋盒架转移到含液态石蜡的容器中并启动程序。

浸蜡时间：
针吸标本：共 9 分钟
标准包埋块：共 25 分钟

图 8.4 Milestone 独特的微波组织处理过程包括以下三步：（1）JFC 溶液中 0.2 兆帕压力下微波辐射以防止试剂沸腾；（2）JFC 溶剂真空（10千帕）汽化以去除水和油脂；（3）真空（10千帕）微波辐射 80℃ 浸蜡。

微波技术

微波加速处理对组织的影响

Milestone 的 RHS-2 脱水机对第一代组织脱水机做了改进，即取消真空处理，使脱水和透明步骤可在压力不变的情况下在同一反应场所同步进行（图 8.5）。

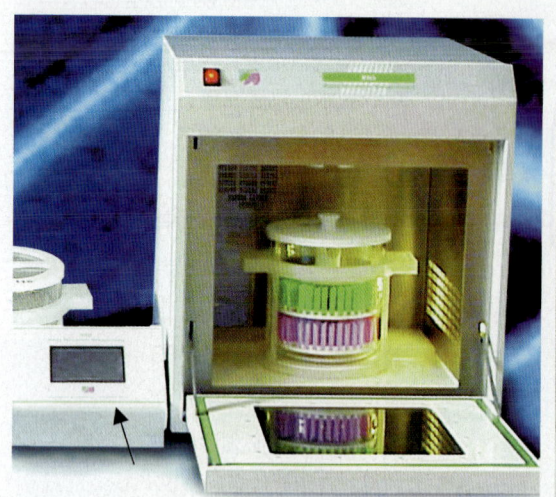 

图 8.5 Milstone RHS-2 微波快速组织处理仪的触摸屏控制面板（箭头）。右图示包埋盒架。当放入含有组织的包埋盒后，加入适当的试剂就可进行上文提到的超快速微波一步组织处理。

我们证实应用这种机器处理活检小标本可以大大缩短切片制备周期（Leong and Price，2004）。用传统组织处理方法从收到标本到完成染色平均需21小时，而微波处理组织则仅需要6.5小时（图8.6）。因为病理学家能较早而不是临近下班时拿到组织切片，所以报告时间也相应地由 4.3 小时缩短为 3.2 小时。采用微波处理组织可使 88% 的活检小标本在收到标本48小时内发出报告，而传统组织处理方法48小时报告率仅71%（Leong and Price，2004）。

Milestone 微波组织脱水机的说明书强调，组织需固定良好，且固定时间和推荐的微波组织处理方案因组织大小不同而异，组织最厚不应超过 2mm。Milestone 针对组织类型和大小不同给出了很多处理方案。用这些方案来处理活检小标本效果很好，但对于大标本，偶尔会出现两种人工假象。这些人工假象不是微波处理标本所特有的，在组织固定不充分或脱水时间过短的传统方法处理标本中也可见到（Feldman，1995）。一些实验室一直被这个问题所困扰而找不到令人满意的解决方法（Dayman，1988）。人工假象区域对苏木素和伊红不着色，被称为灰蒙、水洗或雾霭现象。这些区域通常见于细胞核丰富的组织如脾和淋巴结，而肌肉和胶原组织如子宫平滑肌相对少见。受累的细胞核呈深色团块，不能显示染色质结构，或者呈瓦灰色（如图8.7）。另一种人工假象被称作"哈气样"，表现为切片部分不透明，可能为组织脱水和透明不完全所致。尽管两种假象可能是由相同的、目前尚未明确的原因引起的，但都可以通过重新处理组织获得一定程度的改善，尤其是"哈气样"假象。

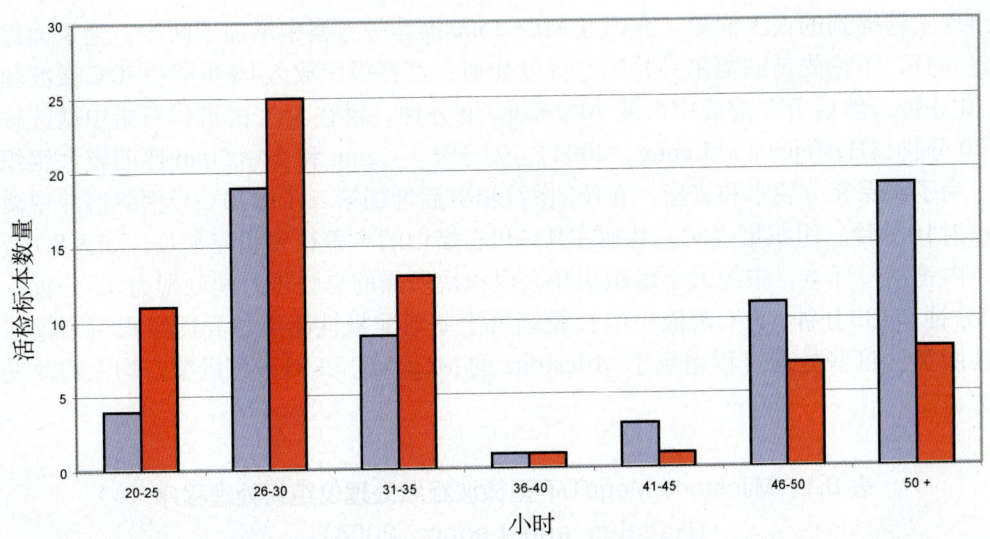

图8.6 微波处理与传统方法活检小标本接收至签发报告的总时长对比。蓝条代表传统组织处理方法，红条代表微波处理组织。微波处理组织48小时报告率为88%，而传统方法仅为71%（Leong and Price, 2004）。

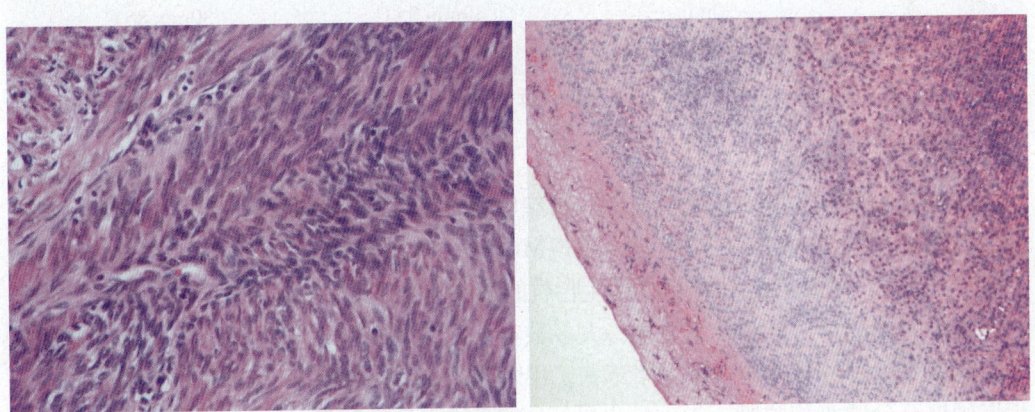

图8.7 子宫平滑肌组织呈"哈气样"外观（左图），脾组织出现"灰蒙样"人工假象（右图）。两张切片均在JFC溶液中进行过微波处理。

微波加速组织处理程序

理想的情况下应该最多设定最多三个程序用于三类不同标本的处理：（1）极小的活检组织，如内镜和穿刺标本；（2）中等大小的标本（体积为15mm×10mm×3mm），如前列腺刮除标本、皮肤活检标本和刮宫标本；（3）体积为25mm×20mm×3mm的大标本，以及为方便起见进行长时间处理的标本，包括周末的标本。为了防止在大标本中出现上述提到的人工假象，我们在 Milestone 推荐的方案中增加了两步。为了确保固定充分，不论先前的福尔马林固定程度如何，都将组织放入4%甲醛中70℃微波辐射10分钟，然后 JFC 溶液中微波 70℃辐射 20 分钟，再在 85℃的液体石蜡中微波辐射 20 分钟（Haffajee and Leong，2004）。对于 1～2mm 和 2～5mm 厚的较大组织块，为了确保充分脱水和去脂，在 JFC 微波辐射后增加第二步即 70℃异丙醇溶液中微波辐射 10 分钟。组织量多时，其他在 JFC 和石蜡中的步骤也要相应延长。如表8.1 所示，内镜活检标本、中等大小组织块和大组织块所需的总处理时间分别为 45 分钟、110分钟和130分钟。JFC 溶液中的长烃链用于萃取非极性脂类，异丙醇则用来萃取极性脂类。这些处理过程适用于 Milestone 的 MegaT/T 和 RHS-2 机型，均无需改变压力。

表 8.1　Milestone MegaT/T 型微波组织处理仪组织处理程序
（Haffajee and Leong，2004）

组织厚度*/试剂	＜1mm	1～2mm	2～5mm
福尔马林	5min,70℃	10min,70℃	10min,70℃
JFC	20min,70℃	60min,70℃	80min,70℃
异丙醇	—	10min,70℃	10min,70℃
石蜡	20min,85℃	30min,85℃	30min,85℃
总计	45min	110min	130min

注：处理程序的采用取决于组织厚度，组织面积为次要因素。福尔马林为10%缓冲福尔马林。组织厚度不得超过5mm。

用这种程序制备的切片质量很好，组织中所有的抗原和酶都得以保存，可用于常规的免疫组化和组织化学染色。也没有出现 Milestone 预设程序中可见的人工假象（图8.8，8.9和8.10）。异丙醇是常用的萃取极性脂质的溶剂，但是它的吸湿性能不如乙醇。它是一种很好的脂溶剂，能完全溶于水、大多数有机溶剂和石蜡。异丙醇很久以前就被推荐为甲苯和二甲苯的替代物，因为甲苯和二甲苯毒性很强。我们在处理程序中增加了这一步以确保充分脱水和脱脂。异丙醇也是 JFC 溶液脱水后的过渡试剂，有润滑效果，能保持组织的柔韧性使切片流畅不易破碎。

微波处理大小标本显著地影响了实验室的工作模式。大多数病理实验室早上 6～7 点开始工作，工作高峰一般出现在对常规过夜处理组织和短期（4小时）处理组织进行包埋和切片的上午中间时段。这种紧张的工作状态要持续到大约下午2点。接下来的工作则主要集中在特殊染色、重切，以及标本的大体检查和取材上。依照这种工作方式分配人员，一般下午人员较少。应用微波处理，每60～90分钟可制备出60个组织块，这意味着在整个工作日内实验室的工作量都连续而均衡。从而使工作效率提高，报告周期缩短，有利于病人的周转和治疗。这种工作方式的根本改变，需要得到技术人员的认可。

第八章 快速组织处理

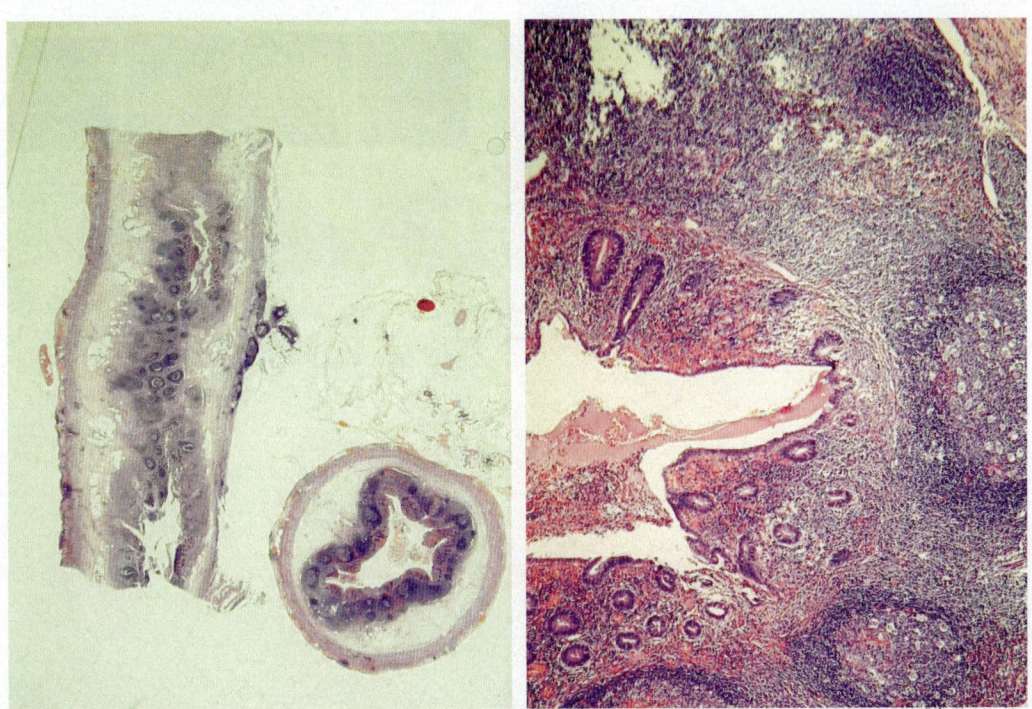

图 8.8　微波加速 110 分钟脱水程序处理的阑尾切片，细胞形态学表现极好。

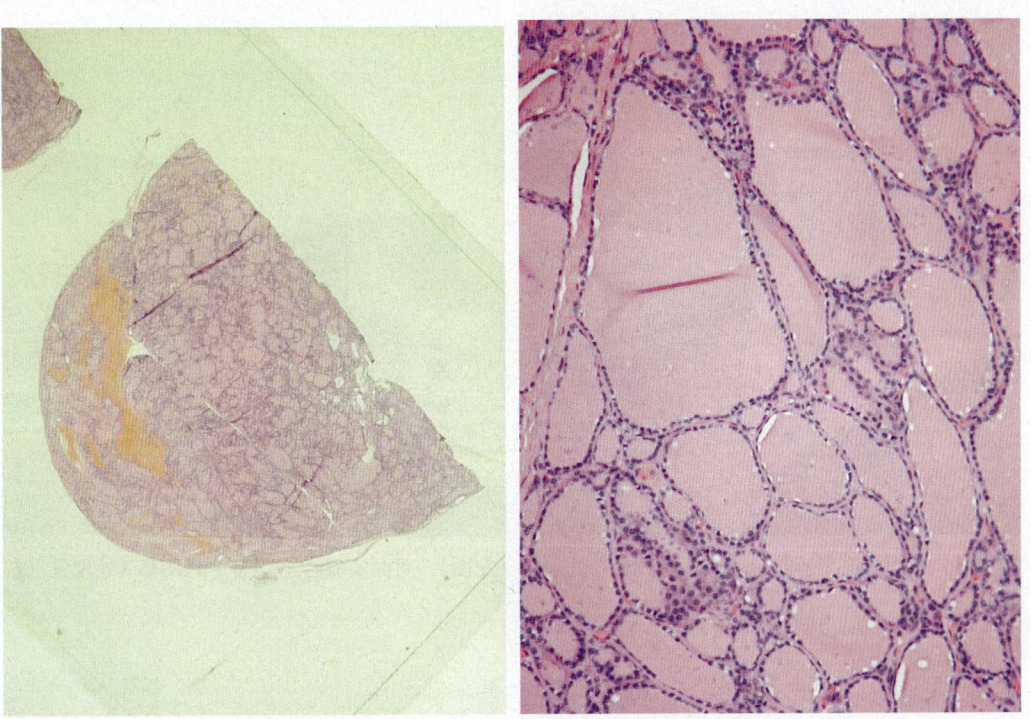

图 8.9　微波加速 110 分钟脱水程序处理的甲状腺组织切片，切片流畅，脱水均匀，组织形态保存完好。

微波技术

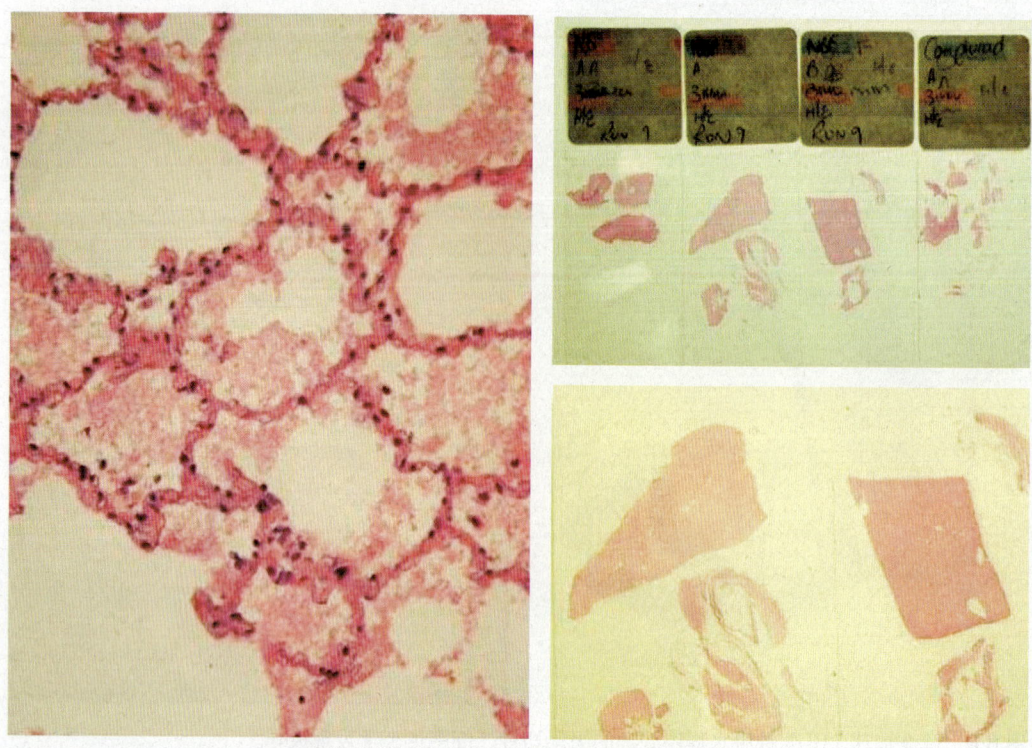

图 8.10 微波加速 45 分钟脱水程序处理的多种组织切片，组织脱水均匀，形态保存完好。

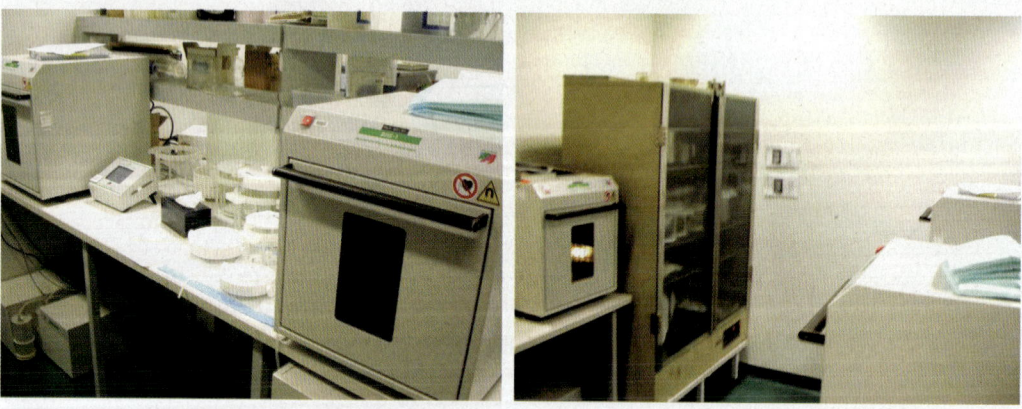

图8.11 组织处理室实验台上有两台RHS-1处理仪（左图），对面实验台上还有一台RHS-1处理仪（右图）。

我们实验室最近已经改用Milestone RHS-1微波处理仪（意大利Sorisole，Milestone，s.r.l.，）对所有组织进行完全微波处理。具体程序见表8.2、8.3和8.4。这些程序都是在Milestone推荐程序的基础上做了一定的改善，包括增加福尔马林和乙醇的步骤。基于我们应用 MegaT/T 的经验和处理组织的观点，我们觉得上面给出的方案还可以进一步完善，总的处理时间也可以进一步压缩。我们鼓励各实验室采用这些方案，并在实践中修正各个步骤的时间和温度。比如，JFC循环中要求温度逐步缓慢上升到预定的68℃，否则受热不均将导致气泡产生。此外，确保温度一致的更有效手段就是搅拌试剂。同样的，同种试剂各步骤间的时间间隔也可在实践中加以改进。然而，上述微波组织处理程序已能保证切片的质量与传统处理方法相同，且更加迅速（图8.12、8.13和8.14）。

表8.2 内镜活检标本微波处理程序
1小时10分钟

步骤	试剂	时间	温度	微波功率	压强/真空
1	福尔马林	10min	70℃	自动	无
2	乙醇	15min	65℃	自动	无
3	乙醇	5min	65℃	自动	无
4	JFC	8min	55℃	自动	无
5	JFC	7min	68℃	自动	无
6	JFC	5min	68℃	自动	无
7	石蜡	5min	66℃	60%	40千帕
8	石蜡	5min	70℃	60%	30千帕
9	石蜡	3min	70℃	60%	20千帕
10	石蜡	7min	65℃	60%	10千帕

表8.3 小标本微波处理程序（不超过15cm × 10cm × 3cm）
2小时15分钟

步骤	试剂	时间	温度	微波功率	压强/真空
1	福尔马林	10min	70℃	自动	无
2	福尔马林	10min	70℃	自动	无
3	乙醇	15min	65℃	自动	无
4	乙醇	10min	65℃	自动	无
5	JFC	14min	68℃	自动	无
6	JFC	4min	68℃	自动	无
7	JFC	17min	68℃	自动	无
8	石蜡	10min	70℃	60%	50千帕
9	石蜡	10min	70℃	60%	40千帕
10	石蜡	2min	70℃	60%	30千帕
11	石蜡	2min	70℃	60%	20千帕
12	石蜡	2min	70℃	60%	15千帕
13	石蜡	24min	65℃	60%	10千帕

微波技术

表 8.4 活检大标本微波处理程序（30cm × 25cm × 5cm）4 小时 30 分钟

步骤	试剂	时间	温度	微波功率	压强/真空
1	福尔马林	10min	70℃	自动	无
2	福尔马林	10min	70℃	自动	无
3	乙醇	15min	65℃	自动	无
4	乙醇	35min	65℃	自动	无
5	JFC	14min	68℃	自动	无
6	JFC	4min	68℃	自动	无
7	JFC	82min	68℃	自动	无
8	石蜡	10min	70℃	60%	50 千帕
9	石蜡	10min	70℃	60%	40 千帕
10	石蜡	4min	70℃	60%	30 千帕
11	石蜡	4min	70℃	60%	20 千帕
12	石蜡	3min	70℃	60%	15 千帕
13	石蜡	64min	70℃	60%	10 千帕

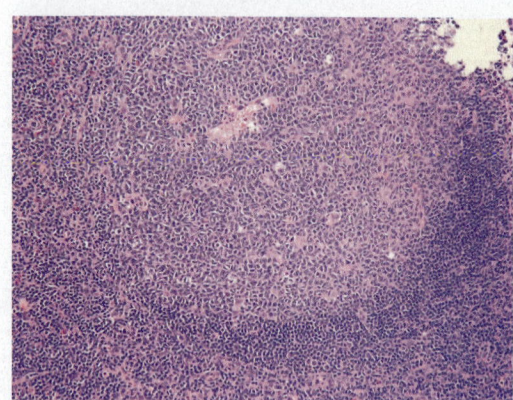 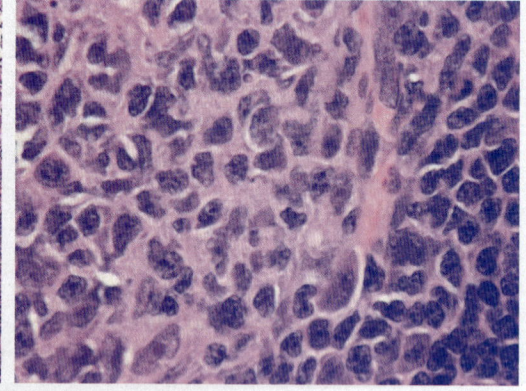

图 8.12　2 小时 15 分钟小标本微波处理程序处理的淋巴结活检标本，组织形态及染色效果良好。

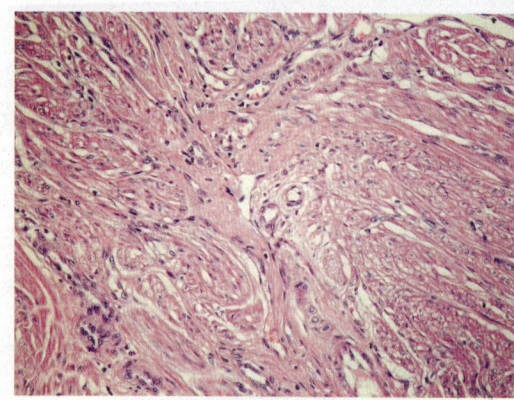 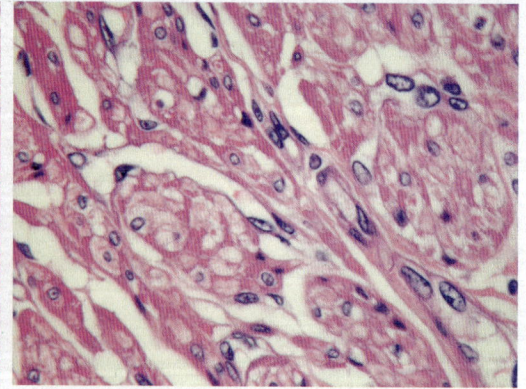

图 8.13　4 小时 30 分钟大标本微波处理程序处理的子宫平滑肌组织，显示细胞形态极佳。

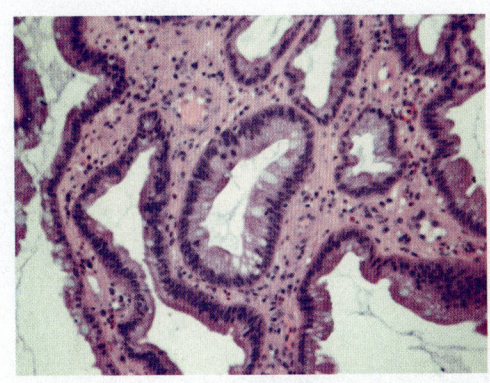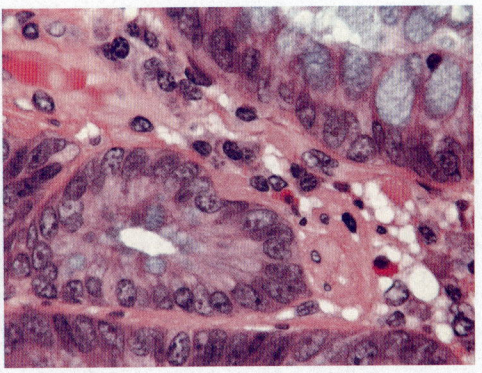

图8.14 1小时10分钟内镜标本微波处理程序处理的结肠镜活检标本。组织形态极佳且切片平滑无破碎。

在组织处理中，除了试剂外，需反复强调的三个关键因素是：良好的固定，固定后福尔马林的清除（因为它与蛋白质的结合会干扰后续的化学反应），以及充分的搅拌（以确保试剂的化学物质与细胞成分之间相互作用）。组织厚度不应超过5mm。可根据组织不同和需求不同在程序中的JFC步骤之前或之后额外增加一步异丙醇替代乙醇。因此在遵循上述原则的条件下，每个实验室有必要根据组织类型和特性制定出最佳处理方案。

所有微波处理的组织免疫反应活性和常规组织化学染色效果均良好（图8.15和8.16）。

最近报道的另一种微波处理程序进一步证实了改良的加速组织处理法的实用性（Morales et al., 2002），并标志着一个组织学技术新时代的开始（Leong, 2004a）。最初，2002年Morales等采用的方法是将组织在丙酮、异丙醇、聚乙烯乙二醇、冰醋酸和二甲基亚砜的混合液中微波辐射15分钟，进而在加入低熔点液体石蜡的混合液中微波辐射15分钟（重复两次），最后分别在液体石蜡/石蜡混合浴和石蜡浴中进行微波辐射。作者后来又修改了该方案，引入了自动组织脱水机，利用其内置的4个罐，能够连续每15分钟处理40个试剂盒。前两个罐分别盛放丙酮和乙醇，62℃微波辐射并连续搅拌；第三个罐（可抽真空）盛放液体石蜡和石蜡的混合物；最后一个罐进行65℃石蜡浴（Morales et al., 2004）。经过一年时间，Morales等（2004）的当天报告率就达到55%，远远高于

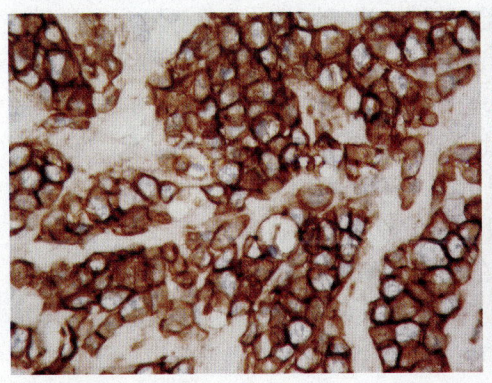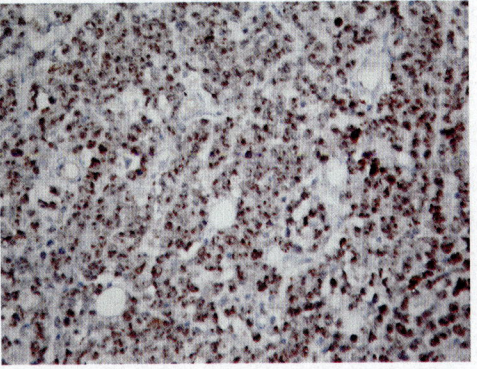

图8.15 小标本微波处理程序处理的Burkitt淋巴瘤切片示CD20（左图）和MIB1（右图）免疫标记效果极佳。

微波技术

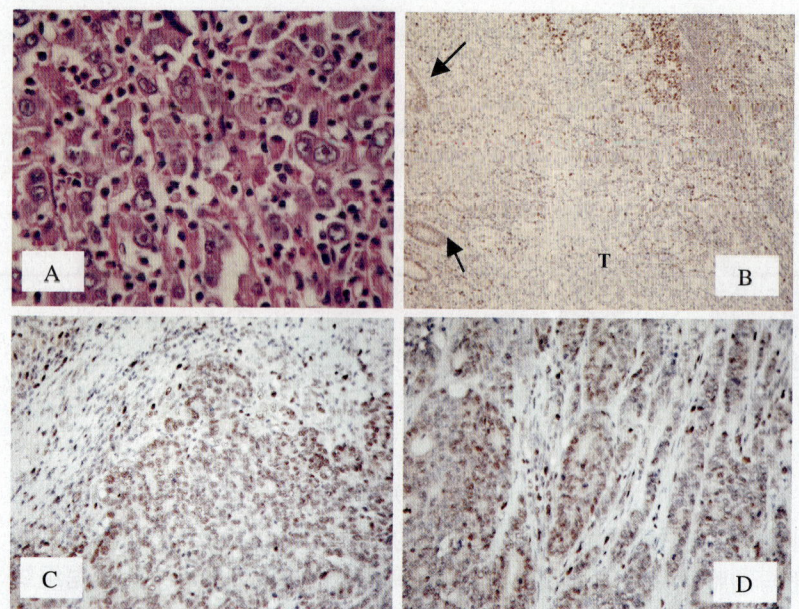

图 8.16 遗传性非息肉病性大肠癌 MLH1 基因突变。(A) 微波处理组织显示肿瘤包含黏附性差的间变性细胞和肿瘤内浸润淋巴细胞。(B) 良性上皮和间质淋巴细胞 MLH1 免疫标记强阳性（箭头），而肿瘤细胞（T）抗原标记阴性。肿瘤细胞、间质细胞和淋巴细胞 MSH2 (C) 和 MSH6 (D) 表达正常，良性上皮也正常表达（未图示）。

未应用微波组织处理技术时的 1%。

  固定和组织处理新方法大大缩短了制片时间和报告周期，因而大大影响了治疗、患者的心理、医院病床的周转率以及相应的费用。微波处理组织所用的试剂不包括有毒的甲苯及其替代物。在组织脱水机中也不使用福尔马林。组织处理周期的缩短促进了实验室的效率的提高。因为 Milestone 处理仪中的石蜡不会被污染，所以没必要丢弃每一批石蜡，及时补充即可。JFC 溶液和异丙醇可再利用 2～3 次。这些因素使 RHS-1 型 Milestone 微波处理仪处理组织比传统组织处理方法更经济。国家组织技术协会年综合评价 Milestone RHS-1 仪时，Willis 和 Minshew (2003) 认为 Milestone RHS-1 仪处理组织的费用比用传统方法低一半还多。

  保守的病理学家和组织技术人员的代表对 Visinoni 等（1998）和 Morales 等（2004）的微波快速组织处理方法提出了质疑，他们仍沿用福尔马林固定、传统的梯度乙醇和甲苯处理组织，并把其作为组织病理学诊断的"金标准"。毫无疑问总会有不愿改变甚至是反对改变的声音（Dimenstein，2004；Leong，2004a），因为历代病理学家和组织技术人员就是在学习鉴别福尔马林固定和传统组织处理所引起的各种人工假象中成长的。已经有人认识到这种"金标准"并不一定可靠，对此，Shi 等（2001）作了以下陈述，"它（形态"良好"）是一种包含了许多人为因素的主观用语，病理学家认为满意的组织形态学是建立在病理学家已有的经验和已经习惯的组织固定处理方法基础上的"。

  实际上，微波处理组织有时候能显示残存的细胞外物质，乍一看，这些物质往往被误认为是处理造成的人工假象。实际上，这些"新"的发现在常规组织处理方法下常常会被滤掉，因而也就不能在常规切片上显示出来。于是这些物质或形态学特征就会被认为缺如（图 8.17 和 8.18）。这些发现可能代表传统处理所丢失的物质，因而更真实地反映了组织的生理状态。

第八章 快速组织处理

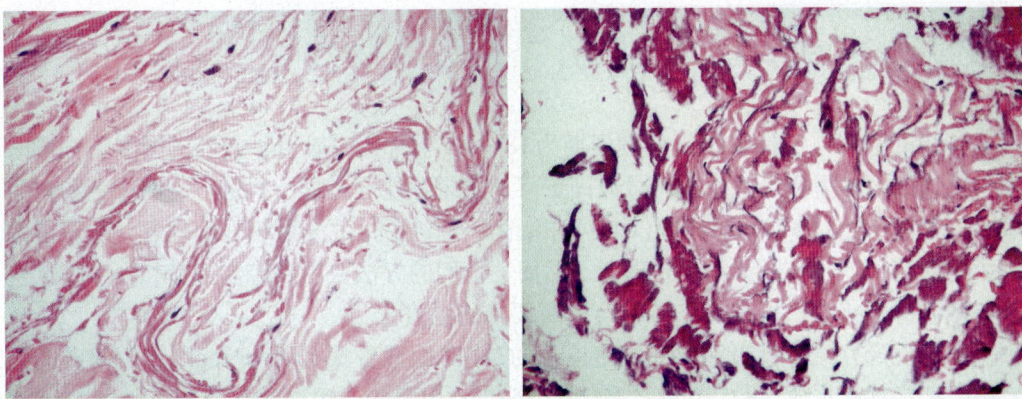

图 8.17 相邻部位取材的结缔组织分别经常规（左图）和微波（右图）处理。两片均为 HE 染色，微波处理组织显示粗大、致密的双嗜性弹力纤维束。而用常规处理组织的切片则显示弹力纤维束不如微波处理者粗大且为嗜酸性（左图）。

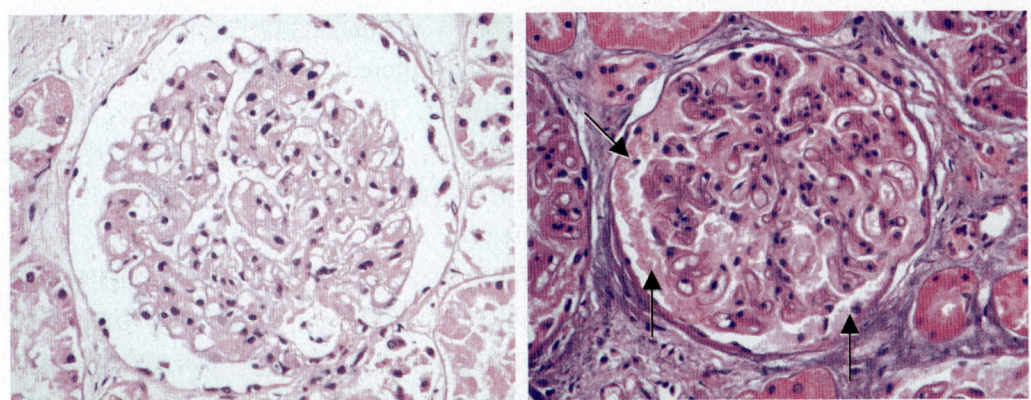

图 8.18 同一肾组织分别经传统方法（左图）和微波活检小标本程序（右图）处理。两幅图都显示肾小球结构完好。微波处理切片中，肾小球 Bowman 囊内可见嗜酸性颗粒状物（箭头），可能是肾小球滤过液。间质中亦可见少量非特异性嗜碱物质。与传统方法处理组织相比，右图中的肾小球毛细血管基底膜呈现嗜碱性且清晰易见。

许多化学试剂被用于组织脱水。包括乙醇、乙二醇醚、丙酮、四氢呋喃、甲丙醚和苯酚的混合物、苯胺和山毛榉木馏油。然而，他们当中很多都是易燃易爆物品，因此乙醇仍是应用最广泛的组织脱水剂。异丙醇应用也很广泛，尽管其吸水作用不如乙醇，但脂溶性好，易溶于水、有机溶剂和石蜡。它很早以前就被推荐为有毒物质甲苯和二甲苯的替代物。Visinoni 等（1998）和 Morales 等（2004）对组织处理试剂的革新作出了很大贡献。他们介绍了毒性小于传统试剂的新型组织处理试剂，表明我们可以选择更为安全的、能用于组织处理且更快速有效而无毒的试剂。我们需要打破 100 年来用福尔马林、乙醇、甲苯和二甲苯进行组织处理的陈规旧习，尝试采用其他作用相同、毒性低且在微波辅助下能加速组织处理的试剂。

微波技术

电镜标本的快速处理

　　传统的透射电镜标本组织处理周期为18～36小时。一般用于研究的标本不强调时间，但诊断标本需要尽快检查。微波固定可加快组织处理过程，以进行载网染色和树脂聚合（如前所述）。Giberson等（1997）提出了一个4小时微波组织处理程序，所获得的组织超微结构等同或好于常规处理者。然而，他们的方法要用到控温探针和一个连接电脑与微波源的接口，以控制和维持实验所要求的温度。

　　我们已经介绍了针吸活检和细胞涂片的2小时处理步骤（Gove et al.，1990）。简而言之，把穿刺标本放入8～10ml含1%戊二醛和4%甲醛的二甲砷酸盐缓冲液（McDowell固定液）中，家用微波炉中加热至50℃（通常需要在650W的微波炉中辐射25秒）。然后在2%四氧化锇中后固定10分钟，2%的醋酸双氧铀水溶液中整体染色10分钟。梯度乙醇脱水根据以下程序进行：70%乙醇20秒，90%乙醇20秒和无水乙醇20秒。随后在环氧丙烷中浸泡20秒后，等体积环氧丙烷和环氧树脂的混合物中浸泡5分钟。最后，100%环氧树脂（Polarbed-812，英国Hertfordshire，Biored公司）浸泡10分钟。每一步后均需500g离心2分钟。离心后用移液管吸出试剂，再加入10ml下一种试剂，搅拌均匀，放置时间如上。最后将组织包埋于新鲜树脂中，95℃聚合1小时。超薄切片2%饱和醋酸铀滴染1分钟，然后柠檬酸铅液滴染1分钟（此步可按前述方法微波加速）。整个过程不超过2小时，也可用于处理其他组织标本。

　　树脂聚合是超薄切片制备过程中耗费时间最长的一步。缩短这一段时间可明显缩短制片周期。微波辐射数秒即可完成环氧树脂的聚合，而用传统的烤箱则需要70℃加热16小时（Mclay et al.，1987）。Giammara（1992）成功地用微波缩短了多种聚合物包埋组织的时间。2001年，Cavusoglu等提出了一种方法：标本浸入盛有水的密封BEEM胶囊中900W微波辐射10分钟，然后于360W辐射100分钟。环氧树脂的聚合均匀而迅速，且质量与传统的烤箱中60℃聚合48小时无异。

要点

- 微波能加速光镜和电镜标本的组织处理速度。
- 自动微波加速组织脱水机已经面世。
- 病理报告周期显著缩短对患者有益并降低了费用。

（石雪迎　陈阿静　译）

第九章

微波在化学和工业领域的应用

本书主要阐述微波在病理学领域的应用，但简单回顾一下微波在有机和无机化学分析以及其他工业方面的应用也是有趣且有益的。有机和无机化学反应为我们理解微波的作用提供了基础。

化学领域对微波潜力的认识相对较慢，因为化学家已经接受一种普遍的错误观念，认为微波只能移动水分子或蛋白质的极性链之类的分子。这种错误的观念妨碍了化学家对微波的运用，因为大多数有用的化学反应都不涉及到水。有机化合物，如含碳化合物间的反应常因这些化合物通常不溶于水而在其他的溶剂中进行。工业化学家利用这些反应生产出大量的物质和新化合物如塑料、药物和染料。

虽然微波用于熔炼和矿石样本分析已经有一段时间，但只是最近微波才开始用于快速提取和加快有机反应的速度，比一般传统的回流技术快1000倍。Gedye，Smith 和Westaway（1988）证实通过在微波炉中加热可合成六种不同的衍生物，加热时间只需2～2.5分钟，与正常要求的24～60分钟相比，合成时间大大缩减。产物的产量高且纯度与用传统方法所得产物纯度相当。加热的方法是把所需的反应混合物放在有密封旋盖的特氟伦容器中进行微波辐射。已知反应率升高最明显的是工业化学家用其制造乙醚。这些化学品在组成上都有一个氧原子与两个碳原子相连，如苯甲基氯和4-氰基苯酚，两者溶于甲醇并加热可反应形成4-氰基苯酚苯甲基乙醚。该反应用于将吗啡转化成可待因，反应时间通常为12小时，而最大产率仅为理论值的65%。如果把相同的化学药品和试剂放在密封的塑料容器中加热，仅用35秒反应就可以达到相同的产量（Gedye，Smith and Westaway，1988）。

最初认为，化学反应显著加速最初被归因于微波辐射后分子的"活化"，即微波提升分子的能量水平使得反应加速。但微波并不能神奇地提高反应速度，有些反应速度的提高甚至很不起眼。例如，对于人们所熟知的在高锰酸钾溶液中氧化甲苯环上的烃基产生苯甲酸，微波炉仅能使该反应的速度提高5倍。研究者猜测微波加速反应速度的原因可能有两个——容器的密封以及反应溶剂的选择。

在合成新的化合物时，原材料或初始化合物应先溶于一种适宜的有机溶剂中如乙醇或某种烃类化合物。然后把混合物放在烧瓶中用电热器加热。溶剂提供了介质使分子之间能彼此靠近而产生反应，也使整个容器内热量均匀分布。通常，烧瓶顶端附有回流冷凝器，反应在沸腾的溶剂中进行时，溶剂蒸发，蒸气上升进入冷凝管后再次液化，回流至下方沸腾的混合物中。

为了防止微波炉中充满可燃性溶剂蒸气，Geyde和他的同事密封了特氟伦容器，该方法的重要性在于，一般情况下液体在沸腾时总保持一定的温度，而密封容器的作用就像高压锅，微波加热产生的能量不能扩散，于是蒸气的压力不断增强。这样，就会使溶剂的沸点升高，明显提高化学反应速度。这就如同用高压锅使水沸点升高而加快烹调速度一样。

反应速度明显提高的另一个更重要的原因是用来溶解初始反应物的有机溶剂的特性。不是所有的溶剂对微波的反应都一样。比如甲醇，其沸点为65℃，辐射后升温很快，而其他物质如正己烷从不高于室温。升温的程度取决于溶剂是否有极性。电荷分布不均的分子有极性。极性分子如水分子（H_2O）中的氧原子吸引两个氢原子的电子因而带负电荷。乙酸（CH_2COOH）也有两个氧原子因而有极性，二甲基甲酰胺 [$HCON(CH_3)_2$] 中氮原子从其他原子吸引电子，所以也具有极性。这些分子又称双极分子，一端为正极，一端为负极。与之相比，烃类化合物通常是非极性的，因为它们只有 C-C 键和 C-H 键。四氯化碳中四个氯原子围绕一个碳原子，分子内部电荷分布对称，所以也是非极性的。

Geyde 等（1988）在他们的实验中发现溶剂的极性与其对微波的敏感程度有很大关系。在室温 560W 的微波辐射下，非极性溶剂如四氯化碳和烃类化合物如石蜡的升温仅略高于室温几度。相比之下，极性溶剂的温度上升迅速，如水迅速升至 81℃，钒氧化乙酸升至 700℃，氧化锌甚至可达到 800℃。有趣的是，氧化铅可迅速上升至 200℃，但是当它分解为四氧化三铅（Pb_3O_4）时就不能再吸收微波从而温度降低。

微波可加热金属氧化物是一个重要发现。如果一种成分可以吸收微波就可以很容易制备混合氧化物。例如，合成铜铁尖晶石（$CuFe_2O_4$）只需简单的氧化铜（CuO）和氧化铁（Fe_2O_3）混合并加热熔化即可。锅炉加热完成该反应需要一整天的时间，而运用微波只需要 30 分钟。同样，其他化合物如钒酸钾（KVO_3）和钇钡铜复盐混合物（$Yba_2Cu_3O_{7-x}$）只需几分钟即可合成。

现在已经认识到其他结构特征也会使氧化物具有极性，比如金属氧化物的金属离子和氧离子构成比不是精确地符合其分子式，即氧多或氧少时可构成极性化合物，这样的化合物称为非化学计量比化合物，其晶格是变形的。不论何种原因造成的电荷分布不均都可使分子结构具有极性，而在微波作用下产热迅速是因为存在正反馈，即随着温度升高分子极性增强，极性增强的分子更易吸收微波。

现有关于微波在化合物提纯及金属纯化或分析方面的论文很多。微波提纯产物质量好且有的比传统方法产率高，操作方法简单快速。微波还可用于提取有机氯杀虫剂（Numata, et al., 2004；Li, Li and Jen, 2003；Barriada-Periera et al., 2003；Carro et al., 2002），从土壤、肉、茶、烟草以及其他生物样品（Costa et al., 2002；Zhang et al., 2002；Mondal et al., 2002；Garcia-Rey et al., 2003；Lu et al., 2003；Ng and Hupe, 2003）中提取金属和金属离子，提取多种药物包括从古柯叶中提取可卡因（Brachet et al., 2002），以及提取中草药（Fu and Feng, 2003），从茶叶（Yi et al., 2003）和人参（Kwon et al., 2003）中提取麻黄素等。微波还用于辅助增塑剂（Cano et al., 2002）和多环芳烃（Flotron et al., 2003）的提取。

目前，分子的极性特性已被用于固化核电站放射性废料的新技术中。从核废料中去掉铀和钚后，剩下的"高"放射性废料在微波的作用下熔化，形成液态的含有裂变产生的所有元素的硝酸盐。另一个处理方法是把废料熔入玻璃。这种微玻璃化作用通过两次加热过程把高放射核裂变产物永久封固。首先，通过微波加热除去水后，硝酸盐分解为氧化物，然后，氧化物在微波作用下熔化，放入硼硅玻璃中。玻璃绒"套筒"衬于管道内面，用来吸收放射性液体。同时，微波流驱赶水和其他挥发性物质，经过后面的套筒分别过滤水流气流后再回流，直至去除残余的放射性微粒。而后套筒在微波作用下在瓷罐中熔化，熔化的玻璃绒和氧化物的混合物固化成玻璃块。这种锁定了放射性微粒的硼硅玻璃即可进行地下深埋。微波玻璃固化法是一种处理放射性物质的安全方法，因为热源远离放射性物质的处理场所，而且与电加热或其他加热源不同，一旦发生问题，可立

微波技术

即停止辐射。

微波可用来破坏核反应堆的隔离罩。功率为25kW的便携微波系统就能破坏固体保护层却不产生任何灰尘,而灰尘有辐射危害。微波加热系统加热混凝土柱中的水,产生的水蒸汽使混凝土碎裂。

除了病理学,微波在其他领域也有很多用途,它的各种潜能仍有待挖掘。

要点

● 微波在工业中应用广泛,但其潜能仍有待发掘。

(石雪迎　陈阿静　译)

第十章

结 论

微波技术

从最初发现微波有可能用于组织固定，短时间内微波的应用范围已经有了长足的扩展。微波对从组织固定、消毒、组织化学、免疫组化、分子生物学技术、抗原修复、脱钙、冰冻切片到组织脱水的几乎所有组织学技术步骤都有促进作用。微波应用于光镜和电镜技术中，不仅提高了处理速度，而且提高了质量。微波也可用于化学和有机物的提纯及分析。最近才意识到在快速旋转的电磁场内分子运动不仅限于生物物质和水中的极性分子。非化学计量比化合物或带有不等价电荷以及不对称晶格的金属氧化物都是有极性的，它们在电磁流中快速运动产生高温，可用于合成用途广泛的各种氧化物。

有两项利用微波的发明特别重要。微波用于抗原修复为增强光镜和电镜的免疫标记提供了一项简单而可重复的技术，这使得检测结果能保持一致性，也为这些重要的辅助诊断方法在一定程度上达到标准化扫辟了道路。微波也用于分子标记，用于DNA和RNA的检测效果良好，但目前还没有人进行深入研究。微波抗原修复的引入被誉为是一场革命，因为它使福尔马林固定石蜡包埋组织的免疫染色获得了理想效果。

微波在组织化学领域另一个重要也是较近的革新是微波加速组织脱水仪器的出现，从而大大缩减了组织处理时间，相应地影响了病理报告周期、临床治疗和病床利用率。很多情况下，能够在24小时或更短时间内获得病理报告可显著影响病人治疗和住院费用。

尽管已经认识到甲醛的毒性和致癌性，但它仍被作为常规固定剂使用着。传统的组织处理试剂如二甲苯、甲苯及其替代物也都有毒性。在微波加速组织处理过程中，用来提取水和油脂的新化学溶媒摒弃了已使用了近百年的传统溶媒，并为进一步研究更为有效而安全的替代品开辟了新思路。

微波处理作为另一种安全无毒且经济实惠的组织固定和处理方法仍有待组织技术人员和病理学家的全面接受。一些人对此不予置评可能是出于保守，也可能是因为一代代的专业人士都是在福尔马林固定和组织脱水所造成的人工假象中成长起来的。这种所谓"好"组织学的金标准或称基准本身实际与生理状态下（半液体状态）的组织学表现相去甚远。而且福尔马林固定和多种常规组织处理所用的化学试剂还可以将一些组织中的成分抽提走。但任何一种新的组织固定和处理方法都会导致不同的形态假象，如果用微波固定和加速处理组织就需要重新学习一套新的病理诊断标准。例如，微波固定和处理组织可能保留了以前无法保存或无法识别的细胞内和细胞外成分。另外，组织处理时间的缩短要求重新调整工作方式和日程表从而打乱了实验室原有的工作程序。

拥有快速固定和处理组织的能力为建立大型中央病理实验室取代现存的偏远地区小型病理实验室创造了条件。小型病理实验室可能只有一两个病理医生，他们除了进行病理诊断外还需完成一系列临床检验工作。将标本送到大型病理实验室进行组织处理和切片不仅减轻了偏远地区病理医生的负担而且节省了费用，也使大型病理实验室的组织处理成本会因处理量增加而降低。更重要的是，全世界都缺乏病理学家，尤其是解剖病理学家。在一些国家比如在澳大利亚，全国范围内缺乏解剖病理学家，城乡距离遥远

第十章 结论

使得这一问题更加突出,急需制定相应政策加以解决。建立包括解剖病理学和其他学科的中央实验室是解决目前人力资源短缺和节约实验室费用的一条途径。现在,集中化服务已经在血液和体液分析等小范围内开展起来了,标本送到大型实验室,检查结果可以通过传真发送或直接从网上下载。不能把相同的方法用于解剖病理学是迫于组织处理和组织切片制备的时间限制。这个问题现在可以通过微波处理来解决了。高效的快件服务可迅速把标本送达人力和设备资源集中的实验室,传送标本所耗费的时间可由微波缩短组织处理时间来弥补。制备的切片可以通过同样的快件系统送到病理主治医生手中,也可制成数码图片,由终端实验室通过互联网从中心数据库读取。其方式可以是遥控显微镜系统即时观看,也可以读取全切片扫描照片。后者实际上是分辨率没有任何降低的虚拟切片。

阻碍微波在病理学领域的研究进展的重要因素是缺乏合适的微波装置。第一篇描述微波用于病理学的论文中提到通过微波加热软组织达到理疗目的。后来很多实验用到家用微波炉,从早期的指针式温度调控微波炉,到现代的以食物或菜肴的图标形式代表温度的微波炉。不过,不管是哪种,微波炉的炉腔都是长方形的,所以腔内受热不均。曾有人尝试利用圆盘传送使能量分布均匀,但是达不到科学实验的要求。微波聚焦辐射被用于化学提取和固定超微结构,但是还没有适用于较大标本的装置。圆柱状炉腔可能会提高微波辐射强度的一致性。

阻碍微波技术发展的另一个重要因素是缺乏对这类研究的资金支持。目前的进展主要是商业利益的驱动。理解微波对组织的作用机制需要多学科协作,包括病理学家、组织技术人员、化学家、工程师和物理学家。微波在病理学领域的应用仍然停留在经验水平,因为还不完全清楚化学固定剂的作用和微波对生物组织的作用机制,以及化学溶媒存在时的变化。

虽然有关甲醛对蛋白质作用的文章很多,但是我们对甲醛的作用机制还未完全清楚。新的研究方法,如晶体学和磁共振成像技术能够使我们观察到经甲醛固定后单个蛋白质的结构变化。

微波抗原修复作用的机制仍然存在争议。尽管加热作用被认为是抗原修复的主要机制,但有实验证实,如实验体系中温度保持不变,仅有微波的辐射作用也能达到相同的修复效果。试剂温度不能准确反映实际传入组织的能量,但目前我们还没有办法精确地测出能量值。超声波通过介导分子运动进行抗原修复的事实也支持微波抗原修复和组织固定的机制可能与此有关。只是我们需要更新的方法来研究甲醛的作用,比如用噬菌体生产小分子肽以模仿抗体的结合位点来研究抗原修复和组织固定。

微波引入病理学实验室为这一在过去一百年中观念更新迟缓的领域展开了新的前景。有人说:

"正确的观点出现在错误的时间是科学进步的最大障碍。"

(Vincent de Vigneaud,1978)

组织学技术的新纪元来临了,变革的时代到了。

要点

- 组织处理过程中的任何步骤都可用微波加速。
- 除现有的试剂外,还有很多其他试剂可能用于组织处理。
- 为发展一种能更快、更真实地反映组织生存状态下形态的制片技术,我们应当对传统光镜组织切片的制备方法进行重新审视。

(石雪迎　陈阿静　译)

参考文献

Allan, G., M., Smyth, J., A., Todd, D., and McNulty, M., S. (1993) In situ hybridization for the detection of chicken anemia virus in formalin fixed, paraffin-embedded sections. *Avian Diseases,* 37, 177-182.

Argall, K., and Armati, P. (1990) Use of microwave fixation in the preparation of cell cultures for observation with the scanning electron microscope. *Journal of Electron Microscopic Techniques* 16: 347-50.

Arnold, W. (1988) Immunohistochemical investigation of the human ear. Limitations and prospects. *Acta Otolaryngology* 105: 392-7.

Athanasou, N., A., Quinn, J., Heryet, A, et al. (1987) Effect of decalcification agents on immunoreactivity of cellular antigens. *Journal of Clinical Pathology* 40: 874-8.

Baker, J., R. (1963) Cytological Technique. *The Principles Underlying Routine Methods.* London: Methuen.

Banerjee, S., K., Makdisi, W., F., Weston, A., P., et al. (1995) Microwave-based DNA extraction from paraffin-embedded tissue for PCR amplification. *Biotechniques,* 18, 768-70.

Barriada-Pereira, M., Concha-Grana, E., Gonzalez-Castro, M., J., et al. (2003) Microwave-assisted extraction versus Soxhlet extraction in the analysis of organochlorine pesticides in plants. *Journal of Chromatography* A 1008: 115-22.

Beil, W., J., Login, G., R., Galli, S., J., and Dvorak, A., M. (1994) Ultrastructural immunogold localization of tumor necrosis factor-alpha to the cytoplasmic granules of rat peritoneal mast cells with rapid microwave fixation. *Journal of Allergy and Clinical Immunology,* 94 (3 Pt 1), 531-6.

Benchimol, M., Goncalves, N., R., and de Souza, W. (1993) Rapid primary microwave-glutaraldehyde fixation preserves the plasma membrane and intracellular structures of the protozoan Tritrichomonas foetus. *Microscopic Research Technology,* 25, 286-290.

Benhamou, N., Noel, S., Grenier, J., and Asselin, A. (1991) Microwave energy fixation of plant tissue: an alternative approach that provides excellent preservation of ultrastructure and antigenicity. *Journal of Electron Microscopic Techniques* 17: 81-94.

Bernard, J., R. (1974) Microwave irradiation as a generator of heat for histological fixation. *Stain Technology,* 49, 215-224.

Besancon, R., Bencsik, A., Voutsinos, B., et al. (1995) Rapid in situ hybridization using digoxigenin probe and microwave oven. *Cellular Molecular Biology (Noisy-le-grand),* 41, 975-977.

Bir, N., Paliwal, A., Muralidhar, K., et al. (1995) a rapid method for the isolation of genomic DNA from Aspergillus fumigatus. *Preparations in Biochemistry,* 25, 171-181.

Brinn, N., T. (1983) Rapid metallic histological staining using the microwave oven. *Journal of Histotechnology,* 6,125-129.

Boon, M., E., and Drijver, J., S. (1986) *Routine Cytological Staining Techniques: Theoretical Background and Practice.* Hampshire, UK: MacMillan Education Ltd.

Boon, M., E., Gerrits, P., O., Moorlag, H., E., et al. (1988) Formaldehyde fixation and microwave irradiation. *The Histochemistry Journal* 20: 313-22.

Boon, M., E. and Kok, L., P. (1987) *Microwave cookbook of pathology. The art of microscopic visualization.* Coloumb Press, Leiden.

Boon, M., E., Kok, L., P., Moorlag, P., O., et al. (1987) Microwave stimulated staining of plastic embedded bone marrow sections with the Romanowsky-Giemsa stain: improved staining patterns. *Stain Technology* 62:257-64.

Boon, M., E., Kok, L., P. and Ouwerkerk-Noordan, E. (1986) Microwave-stimulated diffusion for fast processing of tissue: reduced dehydrating, clearing and impregnating times. *Histopathology,* 10, 303-309.

Boon, M., E., Marani, E., Adriolo, P.,J.,M., et al (1988) Microwave irradiation of human brain tissue: production of microscopic slides within one day. *Journal of Clinical Pathology* 41: 590-93.

Bourinbaiar, A., S. (1991) Microwave irradiation stimulated in situ hybridization with biotinylated DNA probe. *European Journal of Morphology,* 29, 213-218.

Bourinbaiar, A., S., Zacharopoulos, V., R., and Phillips, D., M. (1991) Microwave irradiation-accelerated in situ hybridization technique for HIV detection. *Journal of Virological Methods,* 35, 49-58.

Brachet, A., Christen, P., and Veuthey, J., L. (2002) Focused microwave-assisted extraction of cocaine and benzoylecgonine from coca leaves. *Phytochemical Analysis* 13: 162-9.

Cano, J., M., Marin, M., L., Sanchez, A., and Hernandiz, V. (2002) Determination of adipate plasticizers in poly (vinyl chloride) by microwave-assisted extraction. *Journal of Chromatography* A 963: 401-9.

Cattoretti, G., Pileri, S., Parravicini, C., et al. (1993) Antigen unmasking on formalin-fixed, paraffin-embedded tissues using microwaves. *Journal of Pathology* 171: 83-9.

Carro, N., Garcia, I., Ignacio, M., C., et al (2002) Microwave-assisted extraction and mild saponification for determination of organochlorine pesticides in oyster samples. *Analytical and Bioanalytical Chemistry* 374: 547-53.

Cavusoglu, I., Minbay, F., Z., Temel, S., G., and Noyan, S. (2001) Rapid polymerisation with microwave irradiation for transmission electron microscopy. *European Journal of Morphology* 39: 313-7.

Chew, E., C., Yang, L., Cheng-Chew, S., et al. (1993) Microwave fixation of nuclear matrix in tumor cells. *Anticancer Research*, 13, 2272-2280.

Chiu, K., Y. and Chin, K., W. (1987) Rapid immunofluorescence staining of human renal biopsy specimens using microwave irradiation. *Journal of Clinical Pathology*, 40, 689-692.

Choi, T-S., Whittlesey, M., M., Slap, S., E., Anderson, V., M. and Gu, J. (1997) Microwave immunocytochemistry: advances in temperature control. In *Analytical morphology: Theory, Applications and Protocols*, ed. Gu, J. pp 91-114, Eaton Publishing Co., Natick, MA, USA.

Church, R., J., Hand, N., M., Rex, M., and Scotting, P., J. (1977) Non-isotopic in situ hybridisation to detect chick Sox gene mRNA in plastic-embedded tissue sections using microwave irradiation. *Histochemistry Journal* 29: 625-9.

Churukian, C., J., and Schenk, E., A. (1988) A Whartin-Starry method for spirochetes and bacteria using a microwave oven. *Journal of Histotechnology* 11:149-51.

Cleary, S., F. (1978) Survey of microwave and radiofrequency biological effects and mechanisms. *DHEW publication (FDA)*, 78-8055:1-33.

Coates, P., J., Hall, P., A., Butler, M., G. and D'Ardenne, A., J. (1987) Rapid technique of DNA-DNA in situ hybridization on formalin fixed tissue sections using microwave irradiation. *Journal of Clinical Pathology*, 40, 865-869.

Commo, F., Sibony, M., Antoine, M., Fouret, P. and Callard, P. (1996) Effect of microwave pretreatment on the detection of Epstein-Barr virus EBER RNAs using in situ hybridization. *Annals of Pathology*, 16, 61-64

Committee on Toxicity. (March 1980) *Formaldehyde - an assessment of its health effects*. Washington, D.C.: National Academy of Sciences.

Costa, J., Lopez-Labrador, F., X., Sanchez-Tapias, J., M., et al. (1995) Microwave treatment of serum facilitates detection of hepatitis B virus DNA by the polymerase chain reaction. Results of a study in anti-HBe positive chronic hepatitis B. *Journal of Hepatology*, 22, 35-42.

Costa, L., M., Gouveia, S., T., and Nobrega, J., A. (2002) Comparison of heating extraction procedures for Al, Ca, Mg, and Mn in tea samples. *Analytical Science* 18: 313-8.

Cuevas, E., C., Bateman, A., C., Wilkins, B., S., et al. (1994) Microwave antigen retrieval immunocytochemistry: a study of 80 antibodies. *Journal of Clinical Pathology*, 47, 448-452.

Cunningham, C., D., Schulte, B., A., Bianchi, L., M., et al. (2001) Microwave decalcification of human temporal bones. *Laryngoscope* 111: 278-82.

Dacke, C., G., and Shaw, A., J. (1987) Studies of the rapid effects of parathyroid hormone and prostaglandins on uptake into chick and rat bone in vivo. *Journal of Endocrinology* 115: 369-77.

Dalquen, P., Sauter, G., Epper, R., et al. (1993) Immunocytochemistry in diagnostic cytology. *Recent Results in Cancer Research* 133: 47-80.

Davis, C., Neill, S., and Raj P (1997) Microwave fixation of rabies specimens for fluorescent antibody testing. *Journal of Virological Methods* 68: 177-82.

Dayman, M., E. (1988) Response to questions in search of an answer (letter). *Histo-Logic* 18: 56-7.

Dayman, M., E. and Leong, A., S-Y. (1984) Microwave fixation for surgical and autopsy tissues. *Pathology*, 16, 418.

de Meulemeester, M., Vink, A., Jakobs, M., et al. (1996) The application of microwave denaturation in comparative genomic hybridization. *Genetics Annals*, 13, 129-133.

DeHart, B., W., Kan, R., K. and Day, J., R. (1996) Microwave superheating enhances immunocytochemistry in the freshly frozen rat brain. *Neuroreport*, 7, 2691-2694.

Dimenstein, I., B. (2004). Microwaves and turnaround times in histoprocessing. Is this a new era in histotechnology? (Letter) *American Journal of Clinical Pathology* 121: 122:612.

Douglas-Jones, A., G., Duddridge, L., R., and Jenkins, P., A. (1990) Killing of Mycobacterium tuberculosis in tissue by microwaves with simultaneous tissue fixation. *Tubercle* 71: 7-13.

During, R., A., Zhang, X., Hummel, H., E., et al (2003) Microwave-assisted steam distillation with simultaneous liquid/liquid extraction of pentachlorophenol from organic wastes and soils. *Analytical and Bioanalytical Chemistry* 375: 584-8.

Ehrlich, P., and Lazarus, A. (1898) Die Anamie I. Wien: Abt Holder.

Estrada, J., C., Brinn, N., T., and Bossen, E., H. (1985) A rapid method of staining ultra-thin sections for surgical pathology TEM with the use of the microwave oven. *American Journal of Clininical Pathology*, 83, 639-641.

Feirabend, H., K., Kok, P., Choufoer, H., and Ploeger, S. (1994) Preservation of myelinated fibres for electron microscopy: a qualitative comparison of aldehyde fixation, microwave stabilization and other procedures all completed by osmication. *Journal of Neuroscience Methods*, 55, 137-153.

Feldman, A., T. (1995) The new goal: Blurry nuclei and hazy cytoplasm? *Journal of Histotechnology* 18:289-90.

Flotron, V., Houessou, J., Bosio, A., et al. (2003) Rapid determination of polycyclic aromatic hydrocarbons in sewage sludge using microwave-assisted solvent extraction. Comparison with other extraction methods. *Journal of Chromatography A* 999: 175-84.

Fox, C., H., Johnson, F., B., Whiting, J., and Roller, P., P. (1985) Formaldehyde fixation. *Journal of Histochemistry and Cytochemistry* 33:845-53.

参考文献

Fraenkel-Conrat, H., Brandon, B, and Olcott, H. (1947) The reaction of formaldehyde with proteins. IV: Participation of indole groups: gramicidin. *Journal of Biological Chemistry* 168: 99-118.

Fraenkel-Conrat, H., and Olcott, H. (1948a) Reaction of formaldehyde with proteins. VI: Crosslinking between amino groups with phenol, imidazole, or indole groups. *Journal of Biological Chemistry* 174: 827 43.

Fraenkel-Conrat, H., and Olcott, H. (1948b) The reaction of formaldehyde with proteins. V: crosslinking between amino and primary amide or guanidyl groups. *Journal of American Chemical Society* 70: 2673-84.

Fu, R., and Feng, Y. (2003) Extraction of ttraditional Chinese herbal drugs and natural products with microwave-assisted extraction techniques (in Chinese). *Zhongguo Zhong Yao Za Shi* 28: 804-7.

Garcia-Rey, R., M., Quiles-Zafra, R., and de Castro, M., D. (2003) New methods for acceleration of meat sample preparation prior to determination of the metal content by atomic absorption spectrometry. *Analytical and Bioanalytical Chemistry* 377: 316-21.

Gedye, R., Smith, F., and Westaway, K. (1988) Microwave ovens in the laboratory. *Education in Chemistry* 25: 55-6.

Gerritts, P., O. and van Goor, H. (1988) Immunohistochemistry on glycol methacrylate embedded tissues: possibilities and limitations. *Journal of Histotechnology*, 11, 243-246.

Giammara, B., L. 1992. Microwave embedding methods. *Scanning*, 14 (Suppl.I), 60-61.

Giberson, R., T., Demaree, R., S., Jr., and Nordhausen, R., W. (1997). Four-hour processing of clinical/diagnostic specimens for electron microscopy using microwave technique. *Journal of Veterinary Diagnosis and Investigation*, 9, 61-67.

Gokhale, J., A., and Khan, S., R. (1992) Structure of rat kidneys following microwave accelerated fixation. *Scanning Microscopy*, 6, 511-518.

Gove, D., W., Lang, C., A., Waterhouse, L., K., and Leong, A., S-Y. (1990) Rapid microwave-stimulated fixation of fine needle aspiration biopsies for transmission electron microscopy. *Diagnostic Cytopathology*, 6, 68-71.

Gower, D., J., Hollman, C., Lee, K., S., and Tytell, M. (1988) In situ fixation of the spinal cord using microwave radiation. *Journal of Neurosurgery* 69: 719-22.

Gown, A., M. (2004) Unmasking the mysteries of antigen or epitope retrieval and formalin fixation. *American Journal of Clinical Pathology* 121: 172-4.

Gown, A., M., and Vogel, A., M. (1985) Monoclonal antibodies to human intermediate filaments. III. Analysis of tumors. *American Journal of Clinical Pathology* 84: 413-22.

Gown, A., M., de Wever, N. and Battifora, H. (1993) Microwave-based antigenic unmasking. A revolutionary new technique for routine immunohistochemistry. *Applied Immunohistochemistry*, 1, 256-266.

Gridley, M., F. (1951) A modification fo the silver impregnation method of staining reticulin fibres. *American Journal of Clinical Pathology* 21: 897-9.

Grossman, K. (1983). *The poison conspiracy*. Sag Habor, New York: The Permanent Press.

Gu, J., Farley, R., Shi, S-R., and Taylor, C., R. (2000) Target retrieval for in situ hybridisation. In: Shi, S-R., Gu, J., Taylor, C., R. (eds) *Antigen Retrieval Techniques: Immunohistochemical and Molecular Morphology*. Natick, MA: Eaton Publishing, pp115-28.

Haffajee, Z., A., and Leong, A., S-Y. (2004) Ultra-rapid microwave-stimulated tissue processing with a modified protocol incorporating microwave fixation. *Pathology* 36: 325-9.

Hafiz, S., Spencer, R., C., Lee, M., et al. (1985) Use of microwaves for acid and alcohol fast staining. *Journal of Clinical Pathology* 38: 1073-84.

Hand, N., M., Blythe, D., and Jackson, P. (1996) Antigen unmasking using microwave heating on formalin fixed tissue embedded in methyl methacrylate. *Journal of Cellular Pathology*, 1, 31-37.

Hanker, J., S. and Giammara, B., L. (1993) Microwave-accelerated cytochemical stains for the electron microscopic examination and the image analysis of light microscopy diagnostic slides. *Scanning*, 15, 67-80.

Harb, J., M. (1993) Interpretation of micrographs for human diagnosis. *EMSA Bulletin* 38:233-49.

Hjerpe, A., Boon, M., E., and Kok, L., P. (1988) Microwave stimulation of an immunological reaction (CEA/anti-CEA) and its use in immunohistochemistry. *Histochemistry Journal*, 20, 388-396.

Herman, G., E., Chlipala, E., Bochenski, G., et al. (1988) Zinc formalin fixative for automated tissue processing. *Journal of Histotechnology* 11: 85-9.

Heumann, H., G. (1992) Microwave-stimulated glutaraldehyde and osmium tetroxide fixation of plant tissue: ultrastructural preservation in seconds. *Histochemistry*, 97, 341-347.

Hinds, I., L. (1988) A rapid and reliable silver impregnation method for Pneumocystis carinii fungi. *Journal of Histotechnology* 11:27-9.

Hopwood, D., Coghill, G., Ramsay, J., Milne, G., and Kerr, M. (1984) Microwave fixation. Its potential for routine techniques: histochemistry, immunocytochemistry and electron microscopy. *Histochemistry Journal*, 16, 1171-91.

Hopwood, D., Yeaman, G., and Milne, G. (1988) Differentiating the effects of microwave and heat on tissue proteins and their cross linking by formaldehyde. *Histochemical Journal*, 20, 341-6.

Horobin, R., W., and Boon, M., E. (1988) Understanding microwave-stimulated Romanowsky-Giemsa staining of plastic embedded bone marrow. *Histochemistry Journal* 20, 329-34.

Hsu, H., C., Peng, S., Y., and Shun, C., T. (1991) High quality of DNA retrieved for Southern blot hybridisation from microwave-fixed, paraffin-embedded liver tissues. *Journal of Virological Methods* 31: 251-61.

International Agency for Research on Cancer (IARC) (2004) IARC classifies formaldehyde as carcinogenic to humans. *Press Release No. 153*, 15 June 2004.

Izumi, Y., Hammerman, S., B., Benz, A., M., et al. (2000) Comparison of rat retinal fixation techniques: chemical fixation and microwave irradiation. *Experimental Eye Research* 70: 191-8.

Jamur, M., C., Feraco, C., D., Lunardi, L., O., et al. (1995) Microwave fixation improves antigenicity of glutaraldehyde-sensitive antigens while preserving ultrastructural detail. *Journal of Histochemistry and Cytochemistry*, 43, 307-11.

Jones, M., D., Banks, P., M., and Caron, B., L. (1981) Transition metal salts as adjuncts to formalin for tissue fixation (Abstract)). *Laboratory Investigation* 44: 32a.

Kahveci, Z., Cavusoglu, I., and Sirmali, S., A. (1997) Microwave fixation of whole fetal specimens. *Bioctechnology and Histochemistry* 72: 144-7.

Kaneko, M., Tomita, T., Nakase, T., et al. (1999) Rapid decalcification using microwaves for in situ hybridisation in skeletal tissues. *Biotechnology and Histochemistry* 74:49-54.

Kayser, K., Stute, H., Lubcke, J., and Wazinski, U. (1988) Rapid microwave fixation - a comparative morphometric study. *Histochemical Journal* 20: 347-52.

Keithley, E., M., Troung, T., Chandronait, B., and Billings, P., B. (2000) Immunohistochemistry and microwave decalcification of human temporal bones. *Hearing Research* 148: 192-6.

Kennedy, A. and Foulis, A., K. (1989) Use of microwave oven improves morphology and staining of cryostat sections. *Journal of Clinical Pathology* 42: 101-5.

Koga, D., Ueno, M., and Yamashima, S. (2003) SEM observation of the insect prepared by microwave irradiation. *Journal of Electron Microscopy* 52: 477-84.

Kok, L., P., Boon, M., E. and Suurmeijer, A., J., H. (1987) Major improvement in microscope image quality of cryostat sections combining freezing and microwave-stimulated fixation. *American Journal of Clinical Pathology*, 88, 620-623.

Kok, L., P., Boon, M., E., Ouwerkerk-Noordam, E., and Gerritis, P., O. (1987) The application of a microwave technique for the preparation of cell blocks from sputum. *Journal of Microscopy* 144: 193-9.

Koss, L. (1990) The future of cytology. Wachtel Lecture for 1988. *Acta Cytologica* 34: 1-9.

Kurosou, K., murakami, S., and Jinnai, M. (2002) Investigation of practical application of fluorescence in situ hybridisation (FISH) analysis using microwave irradiation in formalin-fixed, paraffin-embedded tissue sections (in Japanese). *Rinsho Byori* 50: 830-4.

Kwon, J., H., Belanger, J., M., and Pare, J., R. (2003) Optimization of microwave-assisted extraction (MAP) for ginseng compounds by response surface methodology. *Journal of Agriculture and Food Chemistry* 51: 1807-10.

Lai, F., M., Lai, K., N., Chew, E., C., and Lee, J., C., K. (1987) Microwave fixation in diagnostic renal pathology. *Pathology*, 19, 17-21.

Lan, H., Y., Mu, W., Nikolic-Paterson, D., J., and Atkins, R., C. (1995) A novel, simple, reliable and sensitive method for multiple immunoenzyme staining: use of microwave oven heating to block antibody crossreactivity and retrieve antigens. *Journal of Histochemistry and Cytochemistry*, 43, 97-102.

Le Boltan, D., J., Mechin, B., G., and Martin, G., J. (1983) Proton and carbon-13 nuclear magnetic resonance spectrometry of formaldehyde in water. *Annals of Chemistry* 55: 587-91.

Leonard, J., B., and Shepardson, S., P. (1994) A comparison of heating modes in rapid fixation techniques for electron microscopy. *Journal of Histochemistry and Cytochemistry* 42: 383-91.

Leong, A., S-Y. (1988) Applications of microwave irradiation in histopathology. *Pathology Annual*, 23, 213-34.

Leong, A., S-Y. (1991) Microwave fixation and rapid processing in a large throughput histopathology laboratory. *Pathology*, 23, 271-4.

Leong, A., S-Y. (1991) Microwave irradiation - applications in tissue fixation: processing and staining for light microscopy and electron microscopy. In *World Health Organization Bi-regional Training Course on Electron Microscopy in Biomedical Research and Diagnosis of Human Diseases*, p. 47-60. University of Adelaide Press, Adelaide.

Leong, A., S-Y. (1993a) Microwave techniques for diagnostic laboratories. *Scanning* 15: 88-98.

Leong, A., S-Y. (1993b) Immunohistochemistry - Theoretical and paractical aspects. In: Leong, A., S-Y., ed. *Applied Immunohistochemistry for the Surgical Pathologist*. London: Edward Arnold, pp 1-22.

Leong, A., S-Y. (1994) Microwave technology for morphological analysis. *Cell Vision*. 1, 278-88.

Leong, A., S-Y. (1994) Fixation and fixatives. In: Woods , A., E., Ellis, R., C. *Laboratory Histopathology. A complete reference*. Edinburgh: Churchill Livingstone, pp 4.1-26

Leong, A., S-Y. (1996a) *Principles and Practice of Medical Laboratory Science. Basic Histotechnology*. p 25, pp 33-100, pp72-3, Churchill Livingstone, London.

Leong, A., S-Y. (1996b) Microwave technology in immunohistology - the past twelve years. *Journal of Cellular Pathology*, 1, 99-10.

Leong, A., S-Y. (1996c) Editorial: Immunostaining of cytologic specimens. *American Journal of Clinical Pathology* 105: 139-40.

Leong, A., S-Y. (2001) Immunohistological markers for tumor prognostication. *Current Diagnostic Pathology* 7:176-86.

Leong, A., S-Y. (2004a) Editorial: Microwaves and turnaround times in histoprocessing. Is this a new era in histotechnology? *American Journal of Clinical Pathology* 121: 460-2.

Leong, A., S-Y. (2004b) Microwaves-assisted rapid tissue processing (Letter). *American Journal of Clinical Pathology* 121:613-4.

Leong, A., S-Y., Cooper, K., and Leong, F., J., W-M. (2003) *Manual of Diagnostic Antibodies for Immunohistology.* 2nd Edition. London: Greenwich Medical Media.

Leong, A., S-Y, Daymon, M., E. and Milios, J. (1985) Microwave irradiation as a form of fixation for light and electron microscopy. *Journal of Pathology,* 146, 313-21.

Leong, A., S-Y. and Duncis, C.,G. (1986) A method of rapid fixation of large biopsy specimens using microwave irradiation. *Pathology,* 18, 222-5.

Leong, A., S-Y. and Gilham, P., N. (1989) The effects of progressive formaldehyde fixation on the preservation of tissue antigens. *Pathology,* 21, 266-71.

Leong, A., S-Y. and Gilham, P., N. (1989) A new, rapid microwave-stimulated method of staining melanocytic lesions. *Stain Technology,* 64, 81-7.

Leong, A., S-Y. and. Gove, D., W. (1990) Microwave techniques for tissue fixation, processing and staining. *E.M.S.A Bullitin,* 20, 61-5.

Leong, A., S-Y., and Gove, D. W. (1990) Applications of microwave irradiation in electron microscopy. *In Proceedings of the XIIth International Congress of Electron Microscopy,* San Francisco, USA: San Francisco Press pp 140-1.

Leong, A., S-Y. and Leong, F., J., W-M. (1997) Applications and protocols of microwave technology for morphological analysis. In *Analytical morphology: Theory, Applications and Protocols,* ed. Gu, J., Natick, MA, USA: Eaton Publishing Co., pp 69-90.

Leong, A., S-Y. and Leong, F., J., W-M. Strategies for laboratory cost containment and for pathologist shortage. Centralised pathology laboratories with microwave-stimulated histoprocessing and telepathology. *Pathology* (in press) 2005.

Leong, A., S-Y., Lee, E., S, Yin, H., et al. (2002). Superheating antigen retrieval. *Applied Immunohistochemistry and Molecular Morphology* 10: 263-8.

Leong, A., S-Y., and Milios, J. (1986) Rapid immunoperoxidase staining of lymphocyte antigens using microwave irradiation. *Journal of Pathology,* 148, 183-7.

Leong, A., S-Y,, and Milios, J. (1990) Accelerated immunohistochemical staining by microwaves. *Journal of Pathology,* 161, 327-34.

Leong, A., S-Y., and Milios, J. (1993) An assessment of the efficacy of the microwave antigen-retrieval procedure on a range of tissue antigens. *Applied Immunohistochemistry,* 1, 267-74.

Leong, A., S-Y., and Milios, J. (1993) Comparison of antibodies to estrogen and progesterone receptors and the influence of microwave antigen retrieval. *Applied Immunohistochemistry* 1: 282-8.

Leong, A., S-Y., Milios, J., and Duncis, C., G. (1988) Antigen preservation in microwave-irradiated tissues: A comparison with formaldehyde fixation. *Journal of Pathology,* 156, 275-82.

Leong, A., S-Y., Milios, J. and Leong, F., J., W-M. (1966) Epitope retrieval with microwaves. A comparison of citrate buffer and EDTA with three commercial retrieval solutions. *Applied Immunohistochemistry,* 4, 201-7.

Leong, A., S-Y., and Price, D. (2004) Incorporation of microwave tissue processing into a routine pathology laboratory. Impact on turn around times and laboratory work patterns, *Pathology* 36: 321-4.

Leong, A., S-Y., and Pulbrook, S. (1989) Microwave-stimulated staining of reticulin fibres in plastic sections by an ammoniacal silver nitrate method. *Journal of Histotechnology,* 12, 289-92.

Leong, A., S-Y., Suthipintawong, C., and Vinyuvat, S. (1999) Immunostaining of cytological preparations: A review of technical problems. *Applied Immunohistochemistry and Molecular Morphology* 7: 214-20.

Leong, A., S-Y., Yin, H., Hafajee, Z. (2002). Patterns of immunoglobulin staining in paraffin-embedded malignant lymphoma. *Applied Immunohistochemistry and Molecular Morphology* 10: 110-4.

Li, H., P., Li, G., C., and Jen, J., F. (2003) Determination of organochlorine pesticides in water using microwave assisted headspace solid-phase micro extraction and gas chromatography. *Journal of Chromatography A* 1012: 129-37.

Lillie, R., D., and Fullmer, H., M. (1978) *Histopathologic Technique and Practical Histochemistry.* 4th Ed., London: McGraw-Hill.

Lloyd, B., Brinn, N., T., and Burger, P., C. (1985) Silver staining of senile plaques and neural fibrillary change in paraffin-embedded tissues. *Journal of Histotechnology* 8: 155-6.

Login, G., R., Beary, E., S., Brown, H., S., et al. (2004) *Microwave Device Use in the Clinical Laboratory: Proposed Guideline.* Wayne, Pennsylvania, USA: NCCLS.

Login, G., R., Stavinoha, W., B., and Dvorak, A., M. (1986) Ultrafast microwave energy fixation for electron microscopy. *Journal of Histochemistry and Cytochemistry,* 34, 381-7.

Login, G., R., Galli, S., J., Morgan, E., et al. (1987a) Microwave fixation of rat mast cells. 1. Localization of granule chymase with an ultrastructural post-embedding immunogold technique. *Laboratory Investigation,* 57, 592-9.

Login, G., R., Schnitt, S., J., and Dvorak, A., M. (1987b) Rapid microwave fixation of human tissues for light microscopic immunoperoxidase identification of diagnostically useful antigens. *Laboratory Investigation* 57: 585-91.

Login, G., R., Dwyer, B., K., and Dvorak, A., M. (1990) Rapid primary microwave - osmium fixation. I. Preservation of structure for electron microscopy in seconds. *Journal of Histochemistry and Cytochemistry,* 38, 755-62.

Login, G., R. and Dvorak, A., M (1985) Microwave energy fixation for electron microscopy. *American Journal of Pathology*, 120, 230-243.

Loomis, T., A. (1975) Formaldehyde toxicity. *Archives of Pathology and Laboratory Medicine* 103: 321-4.

Loughman, N., T. (1989) Pneumocystis carinii: rapid diagnosis with the microwave oven. *Acta Cytologica* 33: 416-7.

Lu, A., Zhang, S., Shan, X., Q., et al. (2003) Application of microwave extraction for the evaluation of bioavailability of earth elements in soil. *Chemosphere* 53: 1067-75.

Lucassen, P., J., Chung, W., C., Vermeulen, J., P., et al. (1995) Microwave-enhanced in situ end-labeling of fragmented DNA: parametric studies in relation to postmortem delay and fixation of rat and human brain. *Journal of Histochemistry and Cytochemistry*, 43, 1163-71.

Mac-Moune Lai, F., Lai, K., N., Chew, E., C., and Lee, J., C. (1987) Microwave fixation in diagnostic renal pathology. *Pathology* 19: 17-21.

Madden, V., J., and Henson, M., M. (1997) Rapid decalcification of temporal bones with preservation of ultrastructure. *Hearing Research*, 111, 76-84.

Marani, E., Boon, M., E., Adriolo, P., J., et al. (1987) Microwave-cryostat technique for neuro-anatomical studies. *Journal of Neuroscience Methods*, 22, 97-101.

Marani, E., Guldemond, J., M., Adriolo, P., J., M., et al. (1987) The microwave Rio-Hortega technique: A 24 hour method. *Histochemistry Journal* 19: 658-64.

Mayers, C., P. (1970) Histological fixation by microwave heating. *Journal of Clinical Pathology*, 23, 273-5.

McCluggage, w., G., Roddy, S., Whiteside, C., et al. (1995) Immunohistochemical staining of plastic embedded bone marrow trephine biopsy specimens after microwave heating. *Journal of clinical Pathology*, 48, 840-4

McLay, A., L., C., Anderson, J., D., and McMeekin, W. (1987) Microwave polymerization of epoxy resin. Rapid processing technique in ultrastructural pathology. *Journal of Clinical Pathology*, 40, 350-2.

McMahon, J., and McQuaid, S. (1996) The use of microwave irradiation as a pre-treatment to in situ hybridisation for the detection of measles virus and chicken anaemia virus in formalin-fixed paraffin-embedded tissue. *Histochemistry Journal* 28: 157-64.

Mondal, B., C., Das, D., and Das, A., K. (2002) Preconcentration and separation of copper, zinc and cadmium by the use of mercapto purinylazo resin and their application in microwave digested biological samples followed by AAS determination of the metal ions. *Journal of Trace Elements and Medical Biology* 16: 145-8.

Morales, A., R., Essenfeld, H., Essenfeld, E., et al. (2002) Continuous-specimen flow, high-throughput, 1-hour tissue processing: a system for rapid diagnostic tissue preparation. *Archives of Pathology and Laboratory Medicine* 126: 583-90.

Morales, A., R., Nassiri, M., Kanhoush, R., et al. (2004) Experience with an automated microwave-assisted rapid tissue processing method: effect on histologic examination and timeliness of diagnostic surgical pathology. *American Journal of Clinical Pathology* 121: 528-36.

Morgan, J., M., Navabi, H., Schimid, K., W., and Jasani, B. (1994) Possible role of tissue-bound calcium ions in citrate-mediated high-temperature antigen retrieval. *Journal of Pathology* 174: 301-7.

Morgan, J., M., Navabi, H., and Jasani, B. (1997) Role of calcium chelation in high-temperature antigen retrieval at different pH values. *Journal of Pathology* 182: 233-7.

Morales A.R., Essenfeld H, Essenfeld E, et al. (2002). Continuous specimen flow, high throughput, 1 hour tissue processing: a system for rapid diagnostic tissue preparation. *Archives of Pathology and Laboratory Medicine* 126: 583-90.

Moran, R., A., Nelson, F., Jagirdar, J., Paronetto, F. (1988) Application of microwave irradiation to immunohistochemistry: preservation of antigens of the extracellular matrix. *Stain Technology* 63: 263-9.

Mizuhira, V., Hasegawa, H., Notoya, M. (1991) Microwave fixation and staining method for biomedical specimens. *Journal of Clinical electron Microscopy* 24:5-6.

Mizuhira, V., Hasegawa, H., and Notoya, M. (1994) Microwave fixation and localization of calcium in synaptic vesicles. *Journal of Neuroscience Methods*, 55, 125-36.

Mizuhira, V. and Hasegawa, H. (1996) Microwave fixation method for cytochemistry. For conventional electron microscopy, enzymo-immunocytochemistry, autoradiography elemental distribution studies and staining methods. *European Journal of Morphology*, 34, 385-91.

Mizuhira, V., and Hasegawa, H. (1997) Microwave fixation and localization of calcium in synaptic terminals using x-ray microanalysis and electron energy loss spectroscopy imaging. *Brain Research Bulletin* 43: 53-8.

Moore, J., L., Aros, M., Steudel, K., G., and Cheng, K., C. (2002) Fixation and decalcification of adult zebrafish for histological, Immunocytochemical, and genotypic analysis. *Biotechniques* 32:296-8.

National Institute for Occupational Safety and Health (1977) *Criteria for a recommended standard: occupational exposure to formaldehyde.* Cincinnati, Ohio: National Institute for Occupational Safety and Health. DHEW Publication No. (NIOSH) 77-126.

National Institute for Occupational Safety and Health (April 15, 1981) *Formaldehyde: evidence of carcinogenicity.* Cincinnati, Ohio: National Institute for Occupational Safety and Health. NIOSH Current Intelligence Bulletin 34. DHEW Publication No. (NIOSH) 81-111.

Negoescu, A., Lorimier, P., Labat-Moleur, F., et al (1996) In situ apoptotic cell labeling by the TUNEL method: improvement and evaluation on cell preparations. *Journal of Histochemistry and Cytochemistry*, 44, 959-68.

Ng, K., H., and Ng, L., L. (1992) Microwave stimulated decalcification of compact bones. *European Journal of Morphology* 30: 150-5.

Ng, L., K., and Hupe, M. (2003) Effects of moisture content in cigar tobacco on nicotine extraction. Similarity between soxhlet and focused open-vessel microwave-assisted techniques. *Journal of Chromatography A* 1011:213-9.

Numata, M., Yarita, T., Aoyagi, Y., and Takatsu, A. (2004) Evaluation of a microwave-assisted extraction technique for the determination of polychlorinated biphenyls and organochloride pesticides in sediments. *Analytical Science* 20: 793-8.

Occupational Safety and Health Administration (1980 revised) *OSHA safety and health standards*. Washington, D.C.: Occupational Safety and Health Administration, (29 CFR 1910.1000).

Ohhara, M., Kurosu, Y., and Esumi, M. (1994) Direct PCR of whole blood and hair shafts by microwave treatment. *Biotechniques*, 17, 726

Ohtani, H. (1991) Microwave-stimulated fixation for pre-embedding immunoelectron microscopy. *European Journal of Morphology*, 29, 64-7.

Oliver, K., R., Heavens, R., P., and Sirinathsinghji, D., J. (1997) Quantitative comparison of pretreatment regimens used to sensitise in situ hybridization using oligonucleotide probes on paraffin-embedded brain tissue. *Journal of Histochemistry and Cytochemistry*, 45, 1707-13.

Patterson, M.,K., Jr., and Bulard, R. (1980) Microwave fixation of cells in tissue culture. *Stain Technology*, 55, 71-5.

Pearse, A., G., E. (1980) Histochemistry. Theoretical and Applied. Volume 1: Preparative and optical technology. 4th Edition. London: Churchill Livingstone, pp 97-101.

Peracchia, C., and Mittler, B., S. (1972) New glutaraldehyde fixation procedures. *Journal of Ultrastructural Research*, 39, 57-64.

Petrere, J., A., and Schardein, J., L. (1977) Microwave fixation of fetal specimens. *Stain Technology*, 52, 113-4.

Porcelli, M., Cacciapuoti, G., Fusco, S., et al. Non-thermal effects of microwaves on proteins: thermophilic enzymes as model system. *FEBS Letters*, 402, 102-6.

Portiansky, E., L., and Gimeno, E., J. (1996) A new epitope retrieval method for the detection of structural cytokeratins in the bovine prostatic tissue. *Applied Immunohistochemistry*, 4, 208-14.

Rangell, L., K., and Keller, G., A. (2000) Application of microwave technology to the processing and immunolabelling of plastic-embedded and cryostat sections. *Journal of Histochemistry and Cytochemistry* 48: 1153-9.

Rassner, U., A., Crumrine, D., A, Nau, P. and Elias, P., M. (1997) Microwave incubation improves lipolytic enzyme preservation for ultrastructural cytochemistry. *Histochemistry Journal*, 29, 387-92.

Raymond, W., A., and Leong, A., S-Y. (1990) Oestrogen receptor staining of paraffin-embedded breast carcinomas following short fixation in formalin: A comparison with cytosolic and frozen section receptor analyses. *Journal of Pathology* 160: 295-303.

Reed, W., Erichsen, A, and Roald, B. (1991) Rapid supplementary fixation in frozen sections: microwave versus conventional fixation. A double-blind comparative study. *Pathology Research and Practice* 187: 824 7.

Relf, B., L., Machaalani, R., and Waters, K., A. (2002) Retrieval of mRNA from praffin-embedded human infant brain tissue for radioactive in situ hybridisation using oligonucleotides. *Journal of Neuroscience Methods* 115: 129-36.

Riches, D., J., and Chew, E., C. (1984) The use of microwaves for fixation in electron microscopy. In *Proceedings of the 3rd Asia-Pacific Conference on Electron Microscopy*, ed. M. F. Chung, pp. 257-260. Hentexco Trading Co, Hong Kong.

Roncaroli, F., Mussa, B., and Bussolati, G. (1991) Microwave oven for improved tissue fixation and decalcification. *Pathologica* 83: 307-10.

Rosaspina, S., Ligouri, G., Anzanel, D., et al. (1994a) Experimental tests of a microwave sterilization system. *Minerva Stomatology* 43: 17-21.

Rosaspina, S., Salvatorelli, G., and Anzanel, E. (1994b) The bactericidal effect of microwaves on Mycobacterium bovis dried on scalpel blades. *Journal of Hospital Infections* 26: 45-50.

Ruijgrok, J., M., Boon, M., E., Feirabend, H., K., and Ploeger, S. (1993) Does microwave irradiation have other than thermal effects on glutaraldehyde crosslinking of collagen? *European Journal of Morphology*, 31, 290-7.

Ruijter, E., T., Miller, G., J., Aalders, T., W., et al. (1997) Rapid microwave-stimulated fixation of entire prostatectomy specimens. Bio-med II MPC study group. *Journal of Pathology* 183: 369-75.

Sato, Y., Sugie, R., Tsuchiya, B., et al. (2001) Comparison of the DNA extraction methods for polymerase chain reaction amplification from formalin-fixed and paraffin-embedded tissues. *Diagnostic Molecular Pathology* 10: 265-71.

Schaffner, R. (1986) The Perl's iron staining procedure for use in the microwave oven using a temperature probe. *Journal of Histotechnology* 9: 107-8.

Schneider, D., R., Felt, B., T., and Goldman, H. (1982) On the use of microwave irradiation energy for brain tissue fixation. *Journal of Neurochemistry*, 38, 749-52.

Shi, S., Key, M., E., and Kalra, K., L. (1991) Antigen retrieval in formalin-fixed, paraffin-embedded tissues: An enhancement method for immunohistochemical staining based on microwave oven heating of tissue sections. *Journal of Histochemistry and Cytochemistry*, 39, 741-8.

Shi, S-R., Imam, S., A., Young, L., Cote, R., J., and Taylor, C., R. (1995) Antigen retrieval immunohistochemistry under the influence of pH using monoclonal antibodies. *Journal of Histochemistry and Cytochemistry*, 43, 193-201.

Shi, S-R., Cote, R., J., and Taylor, C., R. (1997) Antigen retrieval immunohistochemistry: past, present and future. *Journal of Histochemistry and Cytochemistry* 45: 327-43.

Shi, S-R., Gu, J., Turrens, J., et al (2000) Development of the antigen retrieval technique: Philosophical and theoretical bases. In: Shi, S-R., Gu, J., Taylor, C., R. (eds) *Antigen Retrieval Techniques: Immunohistochemical and Molecular Morphology*. Natick, MA; Eaton Publishing, pp17-40.

Shield, P., W., Perkins, G., and Wright, R., G. (1996) Immunocytochemical staining of cytologic specimens: How helpful is it? *American Journal of Clinical Pathology* 105: 157-62.

Shin, M., Hishikawa, Y., Izumi, S., and Koji, T. (2002) Southwestern histochemistry as a molecular histochemical tool for analysis of expression of transcription factors: application to paraffin-embedded tissue sections. *Medical Electron Microscopy* 35: 217-24.

Somosy, Z., Thuroczy, G., Koteles, G., J., and Kovacs, J. Effects of modulated microwave and X-ray irradiation on the activity and distribution of Ca (2+)-ATPase in small intestine epithelial cells. *Scanning Microscopy*, 8, 613-9.

Sompuram, S., R., Vani, K., Messana, E., and Bogen, S., A. (2004) A molecular mechanism of formalin fixation and antigen retrieval. *American Journal of Clinical Pathology* 121: 190-9.

Sormunen R., T., and Leong, A., S-Y. (1998). Microwave-induced antigen retrieval for immunohistology and immunoelectron microscopy of resin-embedded sections. *Applied Immunohistochemistry* 6:234-7.

Sperry, A., Jin, L., and Lloyd, R., V. (1996) Microwave treatment enhances detection of RNA and DNA by in situ hybridization. *Diagnostic Molecular Pathology*, 5, 291-6.

Stavinoha, W., B., Pepelko, B., and Smith, P., W. (1970) Microwave radiation to inactivate cholinesterase in the rat brain prior to analysis for acetylcholine. *Pharmacologist*, 12, 257.

Stevens, A. (1977) Pigments and materials. INL Bancroft, J., D., and Stevens, A. (eds) *Theory and Practice of Histological Techniques*. London: Churchill Livingstone, p195.

Strater, J., Gunthert, A., R., Bruderlein, S., and Moller, P. (1995) Microwave irradiation of paraffin-embedded tissue sensitises the TUNEL method for in situ detection of apoptotic cells. *Histochemistry and Cell Biology*, 103, 157-60.

Suurmeijer, A., J., H., and Boon, M., E. (1993) Notes on the application of microwaves for antigen retrieval in paraffin and plastic tissue sections. *European Journal of Morphology*, 31, 144-50.

Suthipintawong, C., Leong, A., S-Y., and Vinyuvat, S. (1996) Immunostaining of cell preparations: a comparative evaluation of common fixatives and protocols. *Diagnostic Cytopathology*, 15, 167-74.

Suthipintawong, C., Leong, A., S-Y., Chan, K., W., and Vinyuvat, S. (1997) Immunostaining fo estrogen receptor, progesterone receptor, MIB1 antigen, and c-erbB-2 oncoprotein in cytologic specimens: A simplified method with formalin fixation. *Diagnostic Cytopathology* 17: 127-33.

Swisher, B., L. (1987) Modified Steiner procedure for microwave staining of spirochetes and non-filamentous bacteria. *Journal of Histotechnology* 10: 241-3.

Takes, P., A., Kohrs, J., Krug, R., and Kewley, S. (1989) Microwave technology in immunohistochemistry: application to avidin-biotin staining of diverse antigens. *Journal of Histotechnology*, 12, 95-8.

Takimiya, H., Batsford, S., R., and Vogt, A. (1980). An approach to post-embedding staining of protein (immunoglobulin) antigen embedded in plastic. *Journal of Histochemistry and Cytochemistry*, 28, 1041-9.

Therkildsen, M., H., and Pilgaard, J. (1990) Microwave-asisted frozen section diagnosis. A comparison between conventional cryostat technique and the combination of freezing and microwave-stimulated fixation. *APMIS* 98: 200-2.

Tinling, S., P., Gibertson, R., T., and Kullar, R., S. (2004) Microwave exposure increases bone demineralisation rate independent of temperature. *Journal of Microscopy* 215: 230-5.

Turner, C.,R., Zuczek, S., Knudsen, D., J., and Wheeldon, E., B. (1990) Microwave fixation of the lung. *Stain Technology*, 65: 95-101.

Utsunomiya, H., Komatsu, N., Yoshimura, S., et al. (1991) Exact ultrastructural localization of glutathione peroxidase in normal rat hepatocytes: advantages of microwave fixation. *Journal of Histochemistry and Cytochemistry*, 39, 1167-74.

Van den Brink, W., J., Sijlmans, H., J., M., Kok, L., P., et al (1990) Microwave irradiation in label detection for diagnostic DNA in situ hybridization. *Histochemical Journal* 22: 327-34.

Visinoni, F., Milios, J., Leong, A., S-Y., Boon, M., E. and Kok, L., P. (1998) Ultra rapid microwave accelerated tissue processing - description of a new tissue processor. *Journal of Histotechnology* 21: 219-24.

Vongsavan, N., Matthews, B., and Harrison, G., K. (1990) Decalcification of teeth in a microwave oven. *Histochemical Journal* 22: 377-80.

Walker, J., F. (1964) *Formaldehyde. 3rd Edition*. New York: Reinhold, pp110-11.

Walzl, M., G. (1993) Microwave-enhanced osmium tetroxide fixation and processing of mite embryos for scanning electron microscopy. *European Journal of Morphology*, 31, 151-5.

Wagner, B., M. (1984) Formaldehyde - a psychopharmacologic agent? *Human Pathology* 15:101.

Wannakrairot, P., and Leong, A., S-Y. (1989) Microwave stimulated immunogold-silver staining. In *Proceedings of the National Scientific Meeting of the Australian Institute of Laboratory Scientists*, pp 150. Adelaide.

Wescot, D., M., Ullman, D., E., Sherwood, J., L., et al. (1993) Rapid fixation and embedding method for Immunocytochemical studies of tomato spotted wilt tospovirus (TSWV) in plant and insect tissues. *Microscopic Research Technology* 24: 514-20.

Wilkens, L., von Wasielewski, R., Werner, M., Nolte, M., and Georgii, A. (1996) Microwave pretreatment improves RNA-ISH in various formalin-fixed tissues using a uniform protocol. Pathology *Research and Practice*, 192, 588-94.

Willis, D., and Minshew, J. (2003) Microwaves: The whole enchilada. Presented at the National Society of Histotechnology Annual Meeting, Louisville, Kentucky, USA, October 18-23.

Weisberger, E., C., Hilburn, M., Johnson, B., and Nguyen, C. (2001) Intraoperative microwave processing of bone margins during resection of head and nect cancer. *Archives of Otolaryngology, Head and Neck Surgery* 127: 790-3.

Wendt, K., D., Jensen, C., A., Tindall, R., and Katz, M., L. (2004) Comparison of conventional and microwave-assisted processing of mouse retinas for transmission electron microscopy. *Journal of Microscopy* 214: 80-8.

Yasuda, K., Yamashita, S., Shiozawa, M., et al. (1992) Application of ultrasound for tissue fixation: combined use with microwave to enhance the effect of chemical fixation. *Cytochemistry (Kyoto)*, 28, 237-44.

Yi, X., P., Chen, D., Y., Liu, J., P., and Liu, Q., W. (2003) Determination of twelve elements in ephedrine extraction by microwave digestion - AAS (in Chinese) *Guang Pu Xue Yu Guang Pu Fen Xi* 23: 81-3.

Zhang, S., Lu, A, Shan, X., Q., et al. (2002) Microwave extraction of heavy metals from wet rhizosphere soils and its application to evaluation of bioavailability. *Analytical and Bioanalytical Chemistry* 374: 942-7.